Gerlinde Albrecht | Sabine Fries

Achtsamkeit im Job

W0075109

Jana Eggenkemper

Gerlinde Albrecht | Sabine Fries

Achtsamkeit im Job

Zufriedener und entspannter mit MBSR

HERDER

FREIBURG · BASEL · WIEN

MIX
Papier aus verantwor-
tungsvollen Quellen
FSC® C083411

© Verlag Herder GmbH, Freiburg im Breisgau 2016
Alle Rechte vorbehalten
www.herder.de

Umschlaggestaltung: Vogelsang Design
Umschlagmotiv: © bestpixels/artush – Fotolia.com
Autorinnenfoto: © Michael Kestin
Yoga-Zeichnungen: © Doris Reich
Grafik: © FOTOLIA Smiley Icon Set

Satz: Daniel Förster, Belgern
Herstellung: CPI books GmbH, Leck
Printed in Germany

ISBN 978-3-451-61326-5

Inhalt

Vorwort

Als ich vor 16 Jahren im Praxiszentrum Plum Village die Achtsamkeitspraxis im Rahmen eines zweiwöchigen Aufenthaltes kennenlernte, war mir nicht bewusst, auf welches Abenteuer ich mich einlasse. Und welche weitreichenden Auswirkungen kontinuierliches Achtsamkeitstraining auf mein Leben und meine Arbeit haben würde.

Die Achtsamkeitspraxis kommt auf den ersten Blick recht einfach daher. Wir kehren immer wieder zu unserem Atem zurück und lernen, unsere Gedanken, Gefühle und Sinneswahrnehmungen bewusst wahrzunehmen. Wir halten im Strom der Aktivitäten inne, entspannen unseren Körper und Geist und schenken uns selbst Beachtung und liebevolle Güte.

Doch das ist nur der Anfang. Wächst Achtsamkeit in unserem Leben, kann ein tiefer und umfassender Erkenntnisprozess in Bewegung gesetzt werden, der alle Bereiche unseres Lebens umfasst. Achtsamkeit und Sammlung führen zu Einsichten, die tief sitzende Gewohnheiten sichtbar machen und verändern können.

In meiner Arbeit im Netzwerk Achtsame Wirtschaft e. V. und bei der Beratung zahlreicher Organisationen und Unternehmen habe ich immer wieder die befreiende und klärende Kraft der Achtsamkeit spüren dürfen – insbesondere im Feld der Arbeit. Wenn wir in tieferen Kontakt zu uns selbst kommen, fangen wir an, uns die wesentlichen Fragen zu stellen:

Was bedeutet Arbeit für mich? In welchem Zustand arbeite ich? Was sind die Ursachen von Stress und Unzufriedenheit? Was ist mein Maß, mit wem vergleiche ich mich,

wann ist es genug? Wann bin ich genug? Und sehr zentral:
Was treibt mich an? Wofür das alles? Welche Wirkungen haben meine Handlungen in der Welt? Und welche Wirkungen
wünsche ich mir?

Achtsamkeit hilft uns, ehrliche und klare Antworten auf
diese Fragen zu finden. Hundertfach habe ich erlebt, wie
Menschen sich von alten Glaubenssätzen (»Ich bin nicht gut
genug.«) lösen und ihrem Leben und ihrer Arbeit eine heil-
samere Ausrichtung geben konnten.

Die Autorinnen haben selbst einen solchen persönlichen
Transformationsprozess erlebt. Die Achtsamkeitspraxis hat
ihr Leben und ihre Arbeitswelt grundlegend verändert und
bereichert. Sie bieten uns in ihrem Buch eine Vielzahl an Methoden, Geschichten und Einsichten, die uns auf unserer Reise zu mehr Klarheit und Sinn im Arbeitsleben helfen können.

Sie bieten uns eine Karte an. Diese Karte zu lesen und zu
studieren reicht allerdings nicht aus. Der Schlüssel ist konti-
nuierliche Übung und die Übung kann schon im Kleinen beginnen, wie unser Essen nicht zu verpassen, sondern bewusst
wahrzunehmen. Einem Kollegen unsere Präsenz schenken
und ihm wirklich zuhören. Unsere Reaktivität zügeln und
Impulsdistanz praktizieren, wenn uns etwas nervt. Die Praxis
ist sehr konkret. Einfacher wird es, wenn wir uns mit anderen
zusammentun.

Indem wir bescheiden, geduldig und aufrichtig praktizieren, verändert sich unser Leben Schritt für Schritt. Mit der
Zeit gewinnen wir vielleicht genügend Vertrauen, um unsere
Erfahrungen mit unserem Umfeld zu teilen. Unsere Gesellschaft braucht achtsame Organisationen sehr und ich freue
mich immer, wenn ich Unternehmen sehe, in denen die Sa-
men der Achtsamkeit aufgehen.

Vertrauen wir uns dem achtsamen Übungsweg an, werden
wir Früchte ernten. Und nicht nur wir werden profitieren,

auch unsere Familie, unsere Freunde, unsere Kollegen. Auf der Toilette unseres Übungszentrums in Berlin hängt ein Spruch: »Lächle: Für dich und für die Welt.«

In diesem Sinne wünsche ich Ihnen viel Freude beim Üben ...

Dr. Kai Romhardt, Berlin

Einführung

In den vergangenen Jahren hat das Thema Achtsamkeit in der Öffentlichkeit enorm zugenommen. Das Wort Achtsamkeit ist ein regelrechtes Modewort geworden und lädt aufgrund des vielfältigen Angebotes zu reichlich Spekulation ein: »Das hat doch was mit dem Buddhismus zu tun«, »Da geht es um Atmen«, »Das ist eine Entspannungsmethode«, »So was wie Yoga«, »Da macht man alles ganz langsam« usw.

Achtsamkeit ist weder eine Entspannungsmethode noch eine Religion noch etwas Esoterisches. Achtsamkeit ist eine bestimmte Lebenshaltung, die sich durch Training kultivieren lässt.

Dieses Training stärkt zum einen unsere mentalen Fähigkeiten und ermöglicht uns zum anderen, uns wieder mit unseren inneren Ressourcen und unserer Intuition zu verbinden. Neben unserer fachlichen Kompetenz benötigen wir gerade im Miteinander am Arbeitsplatz emotionale Intelligenz, die uns in Kontakt bringt mit unserer inneren Landkarte und unserem inneren Erleben. Sie befähigt uns zu verstehen, wie unser inneres Erleben nach außen wirkt, lässt uns unsere Mitmenschen besser verstehen und stärkt unsere sozialen und kommunikativen Fähigkeiten, die für eine wertschätzende und erfolgreiche Firmenkultur unerlässlich sind. Es gibt mittlerweile eine große Anzahl wissenschaftlicher Forschungsergebnisse, die die positiven Wirkungen der Achtsamkeit auch für unsere Gesundheit und die Entwicklung von Resilienz belegen.

Dieses Buch kann der Einstieg in ein neues achtsames Arbeitsleben sein. Es möchte Ihnen aufzeigen, wie Sie Ihren Arbeitsalltag achtsamer gestalten und diese Haltung in Ihrem Leben kultivieren können. Der Aufbau des Buches ist so gestaltet, dass es Ihnen zunächst einen Überblick über das Thema Achtsamkeit gibt. In Kapitel zwei zeigen wir auf, wie Achtsamkeit und Selbstmanagement zusammenhängen. Kapitel drei zeigt, welche positiven Auswirkungen die Achtsamkeitspraxis auf alle Bereiche unseres Arbeitsalltags und auf unsere zwischenmenschlichen Beziehungen haben kann. Dies wird auch anhand unserer Unternehmensbeispiele deutlich, die wir Ihnen ebenso in diesem Kapitel mit Interviews darlegen. Firmenkonzepte basieren in der Regel auf der Methode MBSR (Mindfulness-based Stress Reduction) und werden dann mit veränderten Inhalten und Formaten als »Search Inside Yourself (SIY)«, »Training Achtsamkeit am Arbeitsplatz (TAA)« und »Achtsamkeit & emotionale Intelligenz« angeboten. Wie Achtsamkeit unser Gehirn verändert, legen die Forschungsergebnisse in Kapitel vier dar. In Kapitel fünf stellen wir Ihnen MBSR nach Jon Kabat-Zinn als eine der wirkungsvollsten Methoden zum Trainieren von Achtsamkeit vor. Zu guter Letzt zeigen wir in Kapitel sechs den Zusammenhang zwischen Achtsamkeit und Resilienz, der Fähigkeit, aus Krisen gestärkt hervorzugehen. Aufgrund der besseren Lesbarkeit wird in unserem Buch meist nur die männliche Form verwendet, die weibliche Form ist dabei selbstverständlich immer mit eingeschlossen.

Sie finden im Buch eine ganze Reihe informeller und formeller Übungen. Acht der Übungen haben wir für Sie als Audio-Version bereitgestellt. Sie erkennen sie an dem Hör-Symbol zum Beginn der Übung. Alle Audio-Dateien finden Sie auf unserer Homepage www.achtsamkeit-at-work.com unter »Audios« zum Anhören und/oder Downloaden.

Bei allen anderen Übungen können Sie sich von jemandem, den Sie mögen, anleiten lassen oder die Übungen selbst

aufsprechen oder von jemandem z.B. auf Ihr Smartphone
aufnehmen lassen.

Szenen eines Arbeitsalltags

Stellen Sie sich vor, Sie arbeiten im telefonischen Service-
bereich eines Unternehmens mit festen Dienstzeiten. Die
Servicezeit, die von Ihnen und Ihren Kollegen abzudecken
ist, liegt in einem Zeitfenster von 8 – 20 Uhr. Dadurch ist es
erforderlich, dass auch die späten Dienste zwischen 17 und
20 Uhr übernommen werden. Die Anzahl dieser Dienste
wurde in einem Vorstandsbeschluss für mehr Service und
bessere Erreichbarkeiten erheblich erhöht. Diese Entscheidung bedeutet für Sie und Ihre Kollegen eine nicht unerheb-
liche Ausweitung Ihrer Arbeitszeit in den Abendstunden.

Diesen Beschluss kann Ihr Vorgesetzter auf zwei Wegen
durchsetzen.

■ Er informiert Sie und Ihre Kollegen über die neuen
  Servicezeiten und ordnet die neuen Dienstzeiten
  entsprechend an oder
■ Ihr Vorgesetzter entscheidet sich bewusst, auf folgende
  Art und Weise mit der Situation umzugehen:

Er stellt die Auswirkungen des Beschlusses zunächst in einer
Teamsitzung dar. Ihre Kollegen und Sie reagieren mit Ablehnung und Widerstand, da diese Entscheidung bedeutet, zukünftig weniger Freizeit am Abend zur Verfügung zu haben.
Ihr Vorgesetzter kann mit dem aufkommenden Widerstand
gut umgehen und akzeptiert Ihren Unmut sowie negative
Äußerungen, ohne diese persönlich zu nehmen.

Sie erleben Ihren Vorgesetzten als sehr besonnen, achtsam und einfühlsam Ihnen und Ihren Kollegen gegenüber und erhalten das Angebot zu Einzelgesprächen. In diesen persönlichen Gesprächen finden Sie in einer wertschätzenden Atmosphäre gemeinsam eine Lösung, die weitestgehend den familiären und persönlichen Gegebenheiten aller Teammitglieder bei der neuen Einteilung der Dienste entgegenkommt. In diesen Gesprächen spüren Sie Interesse und Wertschätzung, Präsenz und aufmerksames Zuhören.

Dieses Beispiel zeigt deutlich, wie sich Achtsamkeit im Arbeitsalltag auswirken kann. Von der eben erwähnten Führungskraft, Teilnehmerin unserer Seminare, erhielten wir die Aussage, dass sie seit der regelmäßigen morgendlichen Übungspraxis mehr und mehr in der Lage ist, besonnen und klar mit ihrem Team umzugehen. Sie beginnt den Tag mit Achtsamkeitsübungen, die sie als Grundlage Ihres Arbeitsalltages empfindet. Sie ist so in gutem Kontakt mit sich selbst, achtet auf die eigenen Ressourcen, stärkt sich regelmäßig während des Tages mit Atemübungen und kurzen Pausen und kann klar und besonnen auch mit schwierigen Situationen umgehen. In der Realität sieht es jedoch meist ganz anders aus.

Der ganz normale (Arbeits-) Wahnsinn

Ein Holzfäller hat nach einiger Suche endlich die Arbeit gefunden, an der er Freude hat. Er ist hoch motiviert und mit seiner nagelneuen Säge fällt er am ersten Tag 15 Bäume. Stolz auf seine Leistung geht er nach Hause und nimmt sich vor, am nächsten Tag noch zwei oder drei Bäume mehr zu fällen. Doch so sehr er sich auch anstrengt, er schafft nur 13 Bäume und tröstet sich damit, dass einige der Bäume ganz schön dick waren. Und außerdem kommt morgen ja wieder ein neuer Tag. Am nächsten Tag schafft er nur noch neun Bäume und am übernächsten nur noch sechs. Er ist schon völlig verzweifelt, kommt morgens bereits kurz nach Sonnenaufgang in den Wald und geht erst nach Hause, als die Dämmerung einsetzt. Doch alles hilft nichts, nur drei Bäume liegen gefällt am Wegesrand.

Am nächsten Morgen ist er wieder bei Sonnenaufgang im Wald und müht sich mit all seiner Kraft ab, einen Baum zu fällen. Da kommt ein Wanderer und schaut einige Zeit dem Holzfäller bei der Arbeit zu, wie dieser fieberhaft und angestrengt daran arbeitet, den Baum zu fällen.

»Was machen Sie da?«, fragt der Mann. »Das sehen Sie doch,« antwortet der Holzfäller ungeduldig. »Ich säge an diesem Baum, um ihn zu fällen.«

»Sie sehen erschöpft aus! Wie lange sägen Sie denn schon an diesem Baum?«, fragt der Mann. »Über drei Stunden«, antwortet der Holzfäller, »und ich bin ziemlich fertig und erschöpft. Das ist eine sehr harte Arbeit.«

Der Mann sagt: »Ich beobachte Sie schon eine ganze Weile. Ihre Säge ist ja ganz stumpf. Warum machen Sie denn nicht ein paar Minuten Pause und schärfen die Säge? Ich bin sicher, dass es dann viel schneller geht und sie viel weniger Kraft brauchen.« Genervt antwortet der Holzfäller: »Sehen Sie denn nicht, dass ich keine Zeit habe, die Säge zu schärfen? Ich muss sägen!«

Die Geschichte zeigt uns sehr bildhaft, wie wir mit unseren Ressourcen umgehen, wie selten wir unsere Säge schärfen.

In der heutigen Landschaft des Arbeitsalltages fühlen sich Führungskräfte häufig überfordert, ihnen fehlt oft die notwendige Gelassenheit, sie verlieren in der täglichen Hektik durch ständig wechselnde Anforderungen und Vorgaben den Überblick. Mitarbeiter sind oft am Limit, funktionieren und arbeiten ab, was ihnen vorgegeben ist. Freude und Kreativität bleiben vielfach auf der Strecke.

Eine mangelnde unachtsame Kommunikation führt nicht selten zu Konflikten und schlechter Stimmung am Arbeitsplatz. Hinzu kommt der Druck durch immer höher werdende Leistungsanforderungen und einer reinen Orientierung an Zahlen.

Entsprechend dem rasanten und sich ständig wandelnden Lebensstil der heutigen Gesellschaft überschreiten wir immer wieder unsere physischen und psychischen Grenzen – oft ohne es selbst zu merken. Selten machen wir uns unsere inneren Antreiber bewusst, die uns mit Sätzen wie »Stell dich nicht so an, das ist noch nicht gut genug, mach es noch besser« innerlich antreiben. Anstatt unsere Stärken zu sehen und zu stärken, haben wir häufig unsere Schwächen und Defizite im Fokus und versuchen diese auszumerzen und zu beseitigen. Und dann wundern wir uns, dass wir ausgelaugt und erschöpft sind, der Rücken oder der Magen schmerzt, wir nicht mehr richtig schlafen oder ernsthaft erkranken.

In einer Zeit, in der wir weltweit vernetzt sind, in der fast alles möglich scheint, in der uns unendliche Wahlmöglichkeiten im Hinblick auf unsere Berufs- und Partnerwahl offenstehen, haben viele von uns das Wesentliche verloren, den Kontakt zu sich selbst. Wir leiden ständig unter Zeitnot und packen gleichzeitig so viele Aktivitäten in unsere freie Zeit, dass wir auch dann noch gehetzt sind, wenn wir uns regenerieren sollten. Um uns herum findet permanent Veränderung statt, etwa im Job oder im Hinblick auf technische Möglichkeiten, und wir haben Angst, den Anschluss zu verlieren, nicht mehr dazuzugehören, wenn wir einmal innehalten.

In Zeiten ständiger Erreichbarkeit verschwimmen zudem die Grenzen von Privat- und Berufsleben. Uns bleiben keine Rückzugsmöglichkeiten. Wir nehmen uns selbst nicht mehr wirklich wahr, verlieren das Gespür für uns und das, was wesentlich ist. Wir leiden, haben körperliche Beschwerden, sind müde und ausgelaugt, haben das Gefühl, nirgends zu genügen.

Dass diese Art zu leben uns nicht wirklich glücklich macht, sondern uns im Gegenteil Dauerstress beschert, zeigen auf beeindruckende Weise die Statistiken der Krankenkassen. Um das 17-Fache sind die Krankheitstage zwischen 2004 und 2014 wegen Burn-out bei BKK-Versicherten angestiegen, von 4,6 Tagen 2004 auf 74,1 Tage 2014. Der Medikamentenkonsum hat in den letzten zehn Jahren um 50 Prozent zugenommen. Experten gehen mittlerweile davon aus, dass 80 Prozent aller Erkrankungen auf Stress zurückzuführen sind, nicht nur psychische Erkrankungen, sondern auch Herz-Kreislauf-Erkrankungen, Bandscheibenvorfälle und die Vielzahl von chronischen Erkrankungen.

Die Frage nach einem gesunden Stressmanagement sowie nach Balance in Beruf und Privatleben wird immer drängender, die Suche nach »passenden Angeboten« nimmt zu.

Wie kann Achtsamkeit Sie im Arbeitsalltag unterstützen und welchen Nutzen haben Sie durch die Achtsamkeit?

Achtsamkeit im Arbeitsalltag hilft Ihnen, schwierigen äußeren Anforderungen gelassener zu begegnen, sodass Sie weniger Druck empfinden. Sie fühlen sich authentischer, vertreten eher Ihre eigene Meinung und kommunizieren ehrlicher miteinander. Ihre Leistungsfähigkeit und das Gefühl, auch bei hohen Anforderungen einen klaren Kopf zu bewahren, steigt. Dadurch sind Sie insgesamt im Tagesgeschehen innerlich stärker und haben mehr Raum für Kreativität. Häufig machen wir uns vom Urteil anderer unabhängiger und treffen vermehrt eigene Entscheidungen. Das oft zitierte Gefühl des Eingeengt-Seins und der Fremdbestimmung lässt durch die Praxis der Achtsamkeit nach und führt zum Erleben von größerem Handlungsspielraum. Die Folgen und Auswirkungen des eigenen Handelns werden uns mehr und mehr bewusst, nicht nur bezogen auf uns selbst, sondern auch auf unser direktes Umfeld und darüber hinaus. Wir werden sensibler für unser gesundheitliches Befinden und erkennen eigene Belastungsgrenzen rechtzeitiger.

Es ist mittlerweile auch hinreichend bekannt und bewiesen, dass Achtsamkeit und Meditation den Blutdruck senken, das Immunsystem deutlich stärken und den Medikamentenbedarf insgesamt reduzieren. Die Areale im Gehirn, die für innere Stärke, Wachheit, Konzentration, Emotionsregulierung und Mitgefühl verantwortlich sind, wachsen beim Training der Achtsamkeit an. Die Areale, die für unser Angst- und Stressempfinden zuständig sind, werden kleiner.

Diese Übersicht zeigt Ihnen noch einmal die wesentlichen Wirkungen der Praxis der Achtsamkeit:

- erhöhte Stressresistenz und Resilienz
- verbessertes Immunsystem
- kompetenter und gesundheitsfördernder Umgang in Konfliktsituationen
- Verbesserung der Zusammenarbeit untereinander
- höhere Kreativität bei Problemlösungen
- Verbesserung der Kommunikation und des Arbeitsklimas

- verbesserte Konzentrationsfähigkeit, Klarheit und
  Flexibilität
- höheres Selbstvertrauen in die eigenen Fähigkeiten
- effiziente und für alle Beteiligten gewinnbringende
  Handlungskompetenzen
- größere Zufriedenheit und Selbstvertrauen
- mehr Energie und Lebensfreude

Für eine langfristige Veränderung ist es notwendig, unsere Muster, unsere Bewertungen, unsere »roten Knöpfe«, die den Stress verursachen, zu erkennen und zu akzeptieren und das Zusammenspiel von Körper, Gedanken und Gefühlen dabei zu erfahren. Durch wiederholtes Innehalten, um wahrzunehmen, wie es uns jetzt geht, durch Respekt vor uns selbst, unserem Körper und seinen Signalen, lernen wir, aus dem gewohnten »Autopilot«-Modus auszusteigen und uns auf den Weg in ein gesünderes Leben zu machen.

Mittlerweile werden Achtsamkeitstrainings nicht mehr nur im klinischen und sozialen Kontext erfolgreich eingesetzt, sondern sind in vielen Unternehmen zum integrierten Bestandteil der Mitarbeiterentwicklung geworden (siehe Kapitel drei). Achtsamkeit ist keine Welle, die kommt und wieder geht. Sie ist die Antwort auf eine unachtsame Welt, auf Zustände und Umstände, die uns krank machen. Wir können die Welt nicht verändern, wir können uns nur selbst verändern, und wenn das viele tun, dann verändert sich auch die Welt.

Fangen Sie am besten gleich damit an! Denn in der Ruhe liegt die Kraft! Wir wünschen Ihnen dabei viel Freude!

ACHTSAMKEITSÜBUNG

Schluck für Schluck trinken

Trinken Sie morgens im Büro Ihre erste Tasse Tee, Kaffee oder das erste Glas Wasser ganz bewusst! Nehmen Sie Schluck für Schluck wahr, was Sie trinken. Wärme, Kälte, Geschmack. Nebenher kann in aller Ruhe der PC hochfahren ...

Unser Weg zur Achtsamkeit – Persönliches

Als wir vor einigen Jahren unsere gut dotierten Führungspositionen aufgaben, um uns als Trainerinnen und Coaches mit dem Thema Achtsamkeit selbstständig zu machen, reagierten viele Menschen in unserer Umgebung mit Unverständnis. Doch gerade unsere ganz persönlichen Erfahrungen im Vorfeld dieser Entscheidung gaben uns die Zuversicht, auf dem richtigen Weg zu sein. Die Achtsamkeitspraxis und die tägliche Meditation hatten uns beide nach einer Burn-out-Erfahrung wieder mit uns selbst in Kontakt gebracht. Diese Erfahrungen waren so tief greifend, dass sie unser Leben komplett veränderten.

Was uns beide gerettet hat, war die Achtsamkeit, das Innehalten, das Pausemachen, das In-sich-Hineinspüren, einfach SEIN statt TUN. Anfangs erzwungen durch den Zusammenbruch, dann immer mehr aus eigener Motivation heraus, als wir uns darüber bewusst wurden, wie gut es uns tut, den eigenen Atem zu spüren, den Körper mit all seinen Empfindungen wahrzunehmen und einen Abstand zu gewinnen zu den Geschichten, die unser Geist über uns und andere erzählt.

Morgens beim Duschen das warme Wasser auf der Haut zu
spüren und den frischen Geruch des Duschgels, anstatt im
Geiste schon mit einem Mitarbeiter, Kollegen oder der Chefin zu diskutieren. Das Müsli zum Frühstück wirklich zu genießen oder den Duft des Kaffees einzuatmen, anstatt im Stehen, die Zeitung oder eine Mail lesend, nebenbei irgendetwas
in unseren Mund zu schieben.

Es war eine spannende Entdeckung, dass das Leben aus
lauter Augenblicken besteht, die eine unglaubliche Fülle be-
reithalten, im Gegensatz zum permanenten »Sich-verlieren«
in der Vergangenheit oder Zukunft. Die Wirklichkeit so zu
erleben, wie sie ist, und die Vorstellung, wie es sein soll, loszulassen, hat uns vollkommen neue Perspektiven eröffnet.

Unsere Lebensqualität hat sich wesentlich verbessert, seit
wir authentischer sind, unsere eigenen Stärken und Schwächen erkennen und auch annehmen und beruflich dem folgen, was wir als unsere Berufung empfinden.

Das ist Motivation für uns, Menschen in ähnlichen Situationen einen Weg aufzuzeigen, der sie wieder in Kontakt mit
sich selbst bringt, es ihnen ermöglicht, ein gesundes und
gelassenes Leben zu führen und dabei gleichzeitig auch im
Beruf Erfüllung und Erfolg zu finden. Wir freuen uns, mit
Ihnen gemeinsam diesen Weg zu gehen!

Kapitel 1: Achtsamkeit

Achtsamkeit – was ist das eigentlich?

Achtsamkeit ist eine besondere Form von Aufmerksamkeit. Es handelt sich dabei nicht um eine bestimmte »Entspannungsmethode«, die bei Bedarf wie ein Werkzeug benutzt und anschließend wieder weggelegt wird. Es handelt sich vielmehr um einen umsichtigen Lebensstil, bei dem wir wahrnehmen, was sich uns im gegenwärtigen Moment zeigt, und es dort so sein lassen, wie es ist.

Die Praxis der Achtsamkeit ist keine Erfindung unserer Zeit, sie hat eine jahrtausendealte Tradition und ist geboren in den Ländern Ostasiens und ihren spirituellen Traditionen. Auch im Christentum gibt es Achtsamkeitsmethoden in Form von Kontemplation und Exerzitien, ebenso in anderen Religionen. Im Buddhismus kommt der Achtsamkeit eine große Bedeutung zu und spiegelt sich wieder in unterschiedlichen meditativen Übungen, je nach Tradition. Wenn wir uns dem Thema »Achtsamkeit« zuwenden, brauchen wir weder Buddhisten zu werden, noch uns irgendeiner spirituellen Gruppe zu verschreiben. Die Methoden der Achtsamkeit, insbesondere die Meditation, bieten verkopften westlichen Menschen die Möglichkeit, zur Ruhe zu kommen, unseren Körper und unsere Gefühle zu spüren und auch wahrzunehmen, welche Gedanken auftauchen. Das Zusammenwirken von Körper, Geist und Emotionen wird deutlich, wenn wir uns selbst achtsam begegnen.

Achtsamkeit bedeutet, ganz im Hier und Jetzt zu sein, wach und offen wahrzunehmen, was gerade geschieht, ohne es zu bewerten.

Aus dieser inneren Präsenz heraus erkennen wir, wie unser Verhalten durch Gedanken, Gefühle und Körperempfindungen beeinflusst wird. Mit einem größeren Blickwinkel und mehr Bewusstheit erkennen wir unsere Gewohnheiten, unsere automatischen Denk-, Verhaltens- und Stressmuster und legen damit die Grundlage, aus unbewussten Reaktionsweisen auszusteigen. So erhalten wir mehr Spielraum zum Handeln und damit auch mehr inneren Freiraum.

Normalerweise entscheiden wir im Bruchteil einer Sekunde, ob das, was wir gerade wahrnehmen, als angenehm, unangenehm oder neutral einzustufen ist. Wir reagieren direkt und quasi automatisch in Form von Ablehnung oder Zustimmung. Wir haben eine Vorstellung, wie die Dinge sein sollten, und befinden uns in einem permanenten Kampf, diesen gewünschten Sollzustand zu erreichen. Wir kämpfen entweder gegen etwas Unangenehmes oder wollen an etwas Angenehmen unbedingt festhalten.

Äußere Bedingungen und Umstände wie zum Beispiel Lärm, Zeitdruck, Krisen, Verlust, chronische Schmerzen, Krankheiten und anderes, das wir als unangenehm empfinden, können wir sehr oft nicht oder nur bedingt verändern. Der ständige Kampf dagegen kostet uns jedoch viel Kraft und Nerven und führt oft zu großer Erschöpfung, sowohl körperlich als auch emotional und psychisch.

> *Man kann Wellen nicht aufhalten,*
> *aber man kann lernen zu surfen.*
>
> »Im Alltag Ruhe finden« von Jon Kabat-Zinn

Was wir aber jederzeit verändern können, ist unsere innere Haltung und damit auch die körperliche Reaktion auf diese von uns als stressig erlebten Situationen oder Momente. Wir können lernen, die Dinge aus einem anderen, erweiterten Blickwinkel zu betrachten, und damit erschließt sich uns ein Weg, den Höhen und Tiefen des Lebens mit mehr Gelassenheit zu begegnen.

»Achtsam zu leben bedeutet also, trotz großer Herausforderungen oder Krankheit ein Höchstmaß an Lebensqualität zu entwickeln und unabhängig von äußeren Umständen Sinn und Lebensfreude zu empfinden«, wie Jon Kabat-Zinn, der Begründer der MBSR-Methode, es ausdrückt.

Achtsamkeit ist eine innere Haltung, ein umsichtiger Lebensstil, und wirkt sich auf alle Lebensbereiche aus.

Um diesen neuen Lebensstil in unser eigenes Leben zu integrieren, brauchen wir vor allem eine bewusste Wahrnehmung. Drei wesentliche Achtsamkeitsübungen helfen uns dabei, im Moment zu sein und das wahrzunehmen, was gerade da ist, der Body Scan, achtsame Körperbewegungen und die Meditation.

Der Body Scan, eine Übung für die bewusste Wahrnehmung des Körpers und seiner momentanen Befindlichkeit, unterstützt uns dabei, den Körper und seine Reaktionen so wahrzunehmen, wie sie sind, jenseits unserer Vorstellungen, wie unser Körper sich anfühlen sollte. Wir lernen, die Reaktionen des Körpers gerade in schwierigen Situationen zu erkennen, statt sie zu ignorieren. Achtsame Körperbewegungen unterstützen uns dabei, unsere eigenen Grenzen besser wahrzunehmen und unseren Energietank zu füllen. In der Meditation wiederum erfahren wir, welche Gedanken uns gerade vom jetzigen Moment wegführen und welche Gefühle in welchen Situationen auftauchen.

Achtsamkeit ist wie ein Muskel trainierbar. Wenn wir regelmäßig Achtsamkeitsübungen praktizieren, wird der Achtsamkeitsmuskel stetig wachsen. Die Hirnforschung belegt mittlerweile eindrucksvoll, dass bei einem täglichen Training von einer Dreiviertelstunde über einen Zeitraum von acht bis zwölf Wochen ein Zuwachs desjenigen Bereichs im Gehirn stattfindet, der für Konzentration, innere Stärke und Emotionsregulation zuständig ist (Hippocampus). Damit geht ein Schrumpfen desjenigen Hirnareals einher, in dem sich unser Angst- und Stresszentrum befindet (Amygdala).

Um uns in Achtsamkeit zu üben, können wir ohne großen Aufwand kleine Übungen in unseren Alltag integrieren, ganz gleich, ob wir am Arbeitsplatz, zu Hause oder unterwegs sind (siehe Kapitel drei). Die bewusste Hinwendung zu dem, was ich gerade tue, ist ein erster Schritt, mit mir selbst in Kontakt zu kommen und gelassener zu werden.

Singletasking statt Multitasking – bewusst im Moment sein

Die Schüler sprachen mit ihrem Meister über Glück und wollten von ihm wissen, warum er immer so glücklich sei. Der Meister antwortete:

> *Wenn ich liege, dann liege ich,*
> *wenn ich sitze, dann sitze ich,*
> *wenn ich stehe, dann stehe ich,*
> *wenn ich gehe, dann gehe ich.*«

Darauf sagten die Schüler:

> *Meister, das tun wir doch auch,*
> *sag uns, warum bist du so glücklich?*«

Er antwortete:

> *Wenn ich liege, dann liege ich,*

wenn ich sitze, dann sitze ich,
wenn ich stehe, dann stehe ich,
wenn ich gehe, dann gehe ich.«
Die Schüler wurden ärgerlich und baten ihren Meister mit Nachdruck:
»*Sag uns endlich, warum bist du so glücklich?*«
Der Meister antwortete:
»*Nein – wenn ihr liegt, dann sitzt ihr schon,*
wenn ihr sitzt, dann steht ihr schon,
wenn ihr steht, dann geht ihr schon,
und wenn ihr geht, dann seid ihr schon am Ziel.«
Eure Gedanken sind nie da, wo ihr gerade seid. Lasst
euch auf den gegenwärtigen Augenblick ein und ihr
werdet glücklich und zufrieden sein.«

Diese kleine Geschichte verdeutlicht unser Dilemma: Wir sind selten ganz bei dem, was wir gerade tun. Wir sind gedanklich entweder schon bei der nächsten Tätigkeit oder wir machen mehrere Dinge gleichzeitig. Wir meinen, wenn wir im Multitasking-Modus sind, sind wir produktiver, schaffen mehr. Studien zeigen jedoch, dass wir wesentlich langsamer sind, wenn wir zwischen zwei Aufgaben hin- und herwechseln. Unser Gehirn ist nicht in der Lage, mehrere Dinge wirklich gleichzeitig zu tun. Vielleicht kennen Sie folgende Situation: Sie telefonieren mit einem Kunden und lesen gleichzeitig eine E-Mail. Plötzlich fragt der Kunde Sie: »Und wie sehen Sie das?« Sie bemerken, dass Sie die letzten Sätze Ihres Gesprächspartners gar nicht gehört haben. Das Gehirn ist nicht multitaskingfähig, es arbeitet eins nach dem anderen ab, wie das gerade genannte Beispiel eindrucksvoll zeigt. Darüber hinaus entstehen Fehler und wir verlieren unsere Fähigkeit zur Konzentration. Wir fühlen uns gestresst und nehmen nicht wirklich wahr, was wir tun.

Probieren Sie's aus: Bewusstes Singletasking statt Multitasking – denn auf Dauer macht Multitasking krank! Sie werden erstaunt sein, wie schnell Sie vorankommen und wie viel Sie schaffen, wenn Sie nur eine Sache – die aber ganz konzentriert – erledigen.

ACHTSAMKEITSÜBUNG

Achtsam essen

Nehmen Sie Ihre Mahlzeit oder einen Apfel mit allen Sinnen und ganz bewusst zu sich! Welche Farbe hat das, was Sie essen? Wie sieht es aus, wie riecht es? Wie fühlt es sich an und wie schmeckt es? Nehmen Sie Bissen für Bissen wahr, was Sie essen. Lassen Sie den vollen Geschmack in Ihrem Mund entfalten und nehmen Sie die Fülle der Geschmacksnoten wahr!

Mithilfe dieser Übung können Sie (wieder-) entdecken, wie wunderbar es ist, mit allen Sinnen zu erleben und zu genießen. Etwas, das Sie vielleicht schon lange nicht mehr getan haben. Im besten Fall werden Sie sich dabei der Fülle an Empfindungen bewusst, die sich im Essen eines einzigen Apfels verbirgt. Gönnen Sie sich mindestens ein- bis zweimal in der Woche ein achtsames Frühstück, Mittag- oder Abendessen, bei dem Sie mit allen Sinnen (Sehen, Tasten, Hören, Riechen, Fühlen, Schmecken) Ihr Essen genießen.

»Change takes time« – Veränderung braucht Zeit

Auf Facebook lasen wir kürzlich:
»It's a process,
it's a process,
it's a process;
change takes time.«

Es mag zu Beginn anstrengend und vielleicht auch frustrierend sein, sich immer wieder daran zu erinnern, den Autopiloten und das Kopfkino zu verlassen, doch aus eigener Erfahrung und dem Feedback vieler Teilnehmer unserer Seminare und Kurse wissen wir, dass sich die eigene Haltung nach und nach verändert – it's a process! Betrachten Sie die Übungen am besten als Selbstfürsorge, als eine Zeit, die nur Ihnen gehört und in der Sie sich nur um sich selbst kümmern (ja, das dürfen Sie, das ist gesunder Egoismus,) und nicht als lästige Pflicht. Dann werden Sie nach einiger Zeit Veränderungen bemerken – it's a process!

Wenn Sie auf Ihrem Weg mit Frustration und Ungeduld zu kämpfen haben (und das werden Sie mit ziemlicher Sicherheit), kann es hilfreich sein darüber nachzudenken, worüber Sie sich heute gefreut haben, wofür Sie heute dankbar waren. Seien Sie großzügig bei dieser Suche nach Dingen und Menschen, für die und denen Sie dankbar sind, über die Sie sich gefreut haben. Dankbarkeit ist ein großer Glücksturbo!

Wenn Sie Lust haben, nehmen Sie sich ab sofort abends ein wenig Zeit für die folgende kleine Glücksübung:

ACHTSAMKEITSÜBUNG

Dankbarkeitstagebuch

Kaufen Sie sich ein schönes Notizbuch, welches Sie ab sofort als Ihr kleines Dankbarkeitstagebuch verwenden. Reflektieren Sie jeden Abend vorm Schlafengehen mit folgenden Fragen und machen Sie dazu Notizen:
1. Wofür bin ich heute dankbar?
2. Was hat mir heute Freude bereitet?

Diese Übung weckt in Ihnen Glücksgefühle und erinnert Sie an das Schöne des Tages, was zusätzlich dazu führen kann, dass Sie mit diesen positiven Gefühlen besser schlafen. Mit der Zeit werden Sie diesen Fokus auf das Angenehme in Ihrem Leben nicht mehr missen wollen und können sich immer wieder daran erinnern, wenn Sie sich in einer schwierigen Lebensphase befinden.

Schritt für Schritt, starten Sie JETZT

Erlauben Sie es sich, immer wieder in die Erfahrung des gegenwärtigen Augenblicks einzutauchen, ganz gleich, mit was Sie gerade beschäftigt sind. Wenn Sie duschen, dann duschen Sie, wenn Sie frühstücken, dann frühstücken Sie, wenn Sie mit einem Kunden telefonieren, dann telefonieren Sie mit dem Kunden. Machen Sie nichts anderes nebenbei, bleiben Sie ganz aufmerksam bei dem, was Sie gerade tun. Lassen Sie alle Gedanken an das, was Sie danach erledigen sollen, außer Acht, indem Sie sich immer wieder freundlich zu der Tätigkeit zurückholen, die Sie gerade tun. Sie werden vermutlich erstaunt sein, wie gut Ihnen das tut, wie schnell und erfolgreich Sie Ihre Arbeit schaffen, und auch Ihre Kollegen werden feststellen, dass sich etwas bei Ihnen verändert.

ACHTSAMKEITSÜBUNGEN

Für den Alltag

1. Achtsamkeit am Morgen

Wenn Sie nach dem Aufstehen unter der Dusche stehen, nehmen Sie eine kleine Achtsamkeitsdusche! Spüren Sie das warme Wasser auf der Haut, den Duft des Duschgels, die Berührung auf der Haut beim Einseifen. Seien Sie ganz bei Ihren Empfindungen und spüren Sie Ihren Körper! Schließen Sie, während Sie sich abtrocknen, die Augen, um das Handtuch auf der Haut zu spüren. Danken Sie Ihren Füßen dafür, dass Sie sie den ganzen Tag umhertragen! Schenken Sie jedem Körperteil, jedem Muskel und jeder Faser, die Sie wahrnehmen können, ein Lächeln voller Dankbarkeit!

2. Achtsamkeit unterwegs

Wenn Sie mit dem Auto zur Arbeit fahren, lassen Sie das Radio mal aus und nehmen Sie an jeder roten Ampel ganz bewusst Ihren Atem wahr! Falls Sie Ihren Arbeitsweg mit dem Bus oder der Bahn zurücklegen, dann nehmen Sie an jeder Haltestelle oder an der Stelle, an der Sie stehen, ganz bewusst einen tiefen Atemzug und spüren Sie den Kontakt zur Erde! Auf dem Fahrrad nehmen Sie den Fahrtwind wahr und spüren Sie, wenn Sie zu Fuß unterwegs sind, den Kontakt der Füße zum Boden. Nehmen Sie ganz bewusst die Bewegung Ihres Körpers beim Gehen wahr!

3. Achtsamkeit am Abend

Beenden Sie Ihren Tag statt mit Fernsehen mit ein paar
Minuten Aufmerksamkeit für das, was an diesem Tag
positiv für Sie war. Über was haben Sie sich gefreut? Und
wenn es nur Kleinigkeiten waren, wie etwa Vogelgezwit-
scher, das Lächeln eines anderen Menschen, die Sonne,
eine schöne Blume ... seien Sie dankbar dafür, was das
Leben Ihnen schenkt. Machen Sie ein Ritual daraus, indem Sie zum Beispiel abends wie oben beschrieben ein
Tagebuch über die schönen Dinge des Tages führen oder
indem Sie diese bei einer kleinen Runde an der frischen
Luft noch einmal reflektieren.

4. Achtsamkeit zwischendurch

Wann immer es Ihnen möglich ist, halten Sie zwischendurch für ein paar Minuten inne und achten einfach nur
auf Ihren Atem. Nehmen Sie wahr, wie der Atem kommt
und geht und was sich Ihnen an Gedanken, Gefühlen
und Körperempfindungen zeigt. Alles darf da sein, ohne
dass Sie es bewerten. Es geht nur um das Beobachten
und Wahrnehmen. Sie üben so das Aussteigen aus dem
Autopiloten (automatisches Handeln), das Bewusstsein
für sich selbst (Körper und Geist) und das Annehmen
dessen, was ist.

© Gerlinde Albrecht und Sabine Fries

Achtsamkeit entsteht nicht, wenn wir intellektuell die Entscheidung treffen, achtsamer zu sein. Achtsamkeit entsteht in
einem Prozess, in dem wir mit Disziplin immer wieder üben,
meditieren, unseren Körper wahrnehmen, aus dem Auto-

piloten aussteigen, unsere Gedanken und Gefühle aus der Perspektive unseres inneren Beobachters wahrnehmen, der nicht wertet, der geduldig ist, der immer wieder neugierig ist, der vertraut, der das Leben als einen Fluss ansieht und immer wieder annimmt, was ist, und loslässt, um frei zu sein für den gegenwärtigen Moment.

Achte gut auf diesen Tag

Achte gut auf diesen Tag,
denn er ist das Leben,
das Leben allen Lebens.
In seinem kurzen Ablauf liegt alle Wirklichkeit
und Wahrheit des Seins,
die Freude des Wachsens,
die Größe der Tat und
die Herrlichkeit der Kraft.
Denn das Gestern ist nichts als ein Traum und
das Morgen nur eine Vision.
Das Heute jedoch, recht gelebt, macht jedes Gestern zu einem
Traum voll von Glück und
jedes Morgen zu einer Vision voll von Hoffnung.
Drum achte gut auf diesen Tag.

Altindische Weisheit

Kapitel 2: Achtsamkeit als höchste Form des Selbstmanagements

Selbstwahrnehmung – Mich selbst wirklich kennenlernen

In stressigen Situationen fühlen wir uns oft ausgeliefert. Unser Körper funktioniert dann plötzlich nicht mehr so, wie wir es erwarten. Wir erleben, dass das Herz uns bis zum Hals schlägt, dass ein Zentnergewicht auf unseren Schultern lastet und sie sich hart wie Stein anfühlen, dass wir Magenschmerzen oder Migräne bekommen, dass wir erhöhten Blutdruck haben oder welche körperlichen Reaktionen Sie wahrnehmen, wenn Sie etwas als Stress erleben.

Häufig nehmen wir unseren Körper nicht wahr und auch unsere Gefühle nicht. Oder wir werden von Gefühlen überschwemmt, von Wut und Ärger, von Angst, Hilflosigkeit und Ohnmacht, von Trauer, Schuld oder Scham und weiteren Gefühlen. Gedanken schwirren durch den Kopf, in denen wir uns selbst oder andere verurteilen, uns klein machen oder uns aufblähen. Nicht selten sinnen wir auf Rache, wollen es jemandem heimzahlen. Diese Gedanken heizen unseren Stress dann erst so richtig an und verstärken ihn.

Wir erleben, dass Körper, Gedanken und Gefühle in solchen Situationen ein Eigenleben entwickeln, dem wir vollkommen ausgeliefert sind.

Ganz gleich, auf welche Weise wir reagieren, wir sehen oft keine Möglichkeit, den Stresspegel mit den oben genannten Symptomen zu senken. Im Gegenteil, oft legen wir noch eine Schippe drauf, strengen uns beispielsweise noch mehr an, machen noch mehr Überstunden, nehmen die Arbeit mit nach Hause, ins Wochenende oder auch in den Urlaub. Doch wir wissen insgeheim, dass uns selbst immer mehr Überstunden und noch mehr Engagement nicht retten. Erinnern Sie sich an die Geschichte des Holzfällers in der Einleitung? Wenn wir keine Zeit haben, zu regenerieren, zur Ruhe zu kommen, dann leidet nicht nur unsere Arbeit darunter, sondern wir werden auf Dauer krank. Wir haben das Gefühl, neben uns zu stehen. Chronisch wird der Stress dann, wenn sich unser Stresslevel auf hohem Niveau einpendelt, unser Körper von Stresshormonen überschwemmt ist und wenn wir uns keine Zeit zur Erholung und zum Kraftschöpfen gönnen.

Jeder von uns nimmt Stress auf seine eigene Weise wahr. Wir sind alle unterschiedlich, haben unsere eigene Geschichte und die ureigene Strategie, mit Stress umzugehen. Diese beruht darauf, was wir genetisch mit auf den Weg bekommen haben, auf unserer Familiengeschichte, auf der Art, wie unsere Eltern mit uns umgegangen sind, darauf, was wir an kulturellen und religiösen Traditionen erfahren und in unserem bisherigen Leben erlebt haben.

»Change takes consciousness« – Veränderung braucht Bewusstheit

Wir möchten Sie einladen, einmal Ihre eigenen Stressmuster zu untersuchen und zu erkunden, wie Sie reagieren, wenn ganz bestimmte »rote Knöpfe« gedrückt werden.

ACHTSAMKEITSÜBUNGEN

Stressauslöser und Stressreaktion notieren

Im Folgenden finden Sie eine Tabelle, in der Sie Stress auslösende Situationen einmal dokumentieren können, sprich: wo im Körper Sie den Stress spüren, welche Gefühle und Gedanken Sie dabei begleiten. Auch Ihre Handlungen und Aktivitäten, die durch solche Situationen ausgelöst werden, können Sie zu Papier bringen. Auf diese Weise lassen sich ganz bestimmte Muster erkennen, mit denen Sie immer wieder auf als stressig empfundene Situationen reagieren:

Tabelle: Stressauslöser – Stressreaktion[1]

Stress-auslöser	Stressreaktion			
	Körper	Gefühle	Gedanken	Handlungen
Zeitdruck	Anspan-nung Schultern Nacken, Herzklopfen	Ärger, Ohnmacht	Wie soll ich das bloß schaffen?	Schokolade essen

---

1   Unter www.achtsamkeit-at-work.com finden Sie eine Liste möglicher Gefühle, von der Sie sich inspirieren lassen können, falls es Ihnen schwerfällt, Ihre Gefühle konkret zu benennen.

Diese Tabelle können Sie jederzeit ergänzen. Es geht in dieser Phase erst einmal darum, zu erkennen und wahrzunehmen.

Gehen Sie nun einmal kurz in sich: Wie oft haben Ihre Reaktionen und Aktivitäten Sie in solchen Situationen schon in Schwierigkeiten gebracht? Weil Sie vielleicht in der Hektik Fehler machen, jemand anderen verletzen oder sich selbst schaden oder auch durch Verleugnen die Situation verschlimmern. Doch wie können wir aus diesem Stresserleben aussteigen? Wie können wir dann, wenn wir das Gefühl haben, nicht mehr zur Ruhe zu kommen, und die Wochenenden und der Urlaub nicht mehr ausreichen, um die Akkus wieder aufzuladen, einen Weg zurück zu uns selbst finden?

Es geht uns häufig so wie in dieser Geschichte:

Der angekettete Elefant

»Als Kind mussten meine Eltern mit mir jeden Zirkus besuchen, der in die Stadt kam. In der Pause hielt mich nichts auf dem Sitz, auch keine große Tüte Popcorn. Ich wollte unbedingt in die Tierschau und mir all die Tiere aus der Nähe anschauen, die ich während der Vorstellung in der Manege sah. Dieses Mal waren auch Elefanten im Programm und ich war ganz fasziniert von diesen großen Tieren. Während des Rundgangs verbrachte ich fast die ganze Zeit in ihrer Nähe und beobachtete jede ihrer Bewegungen ganz genau. Mir fiel auf, dass einer der Elefanten traurig aussah, wie er langsam von links nach rechts und rechts nach links

schaukelte, so als wolle er sich durch diese eintönige Bewegung beruhigen. Jedes Mal rasselte die Kette an seinem Fuß, die an einem Holzpflock im Boden befestigt war, und ich war erstaunt, dass dieser große und starke Elefant den Holzpflock nicht einfach aus dem Boden riss. Den Rest der Vorstellung war ich ziemlich still, das Bild des traurigen Elefanten ging mir nicht mehr aus dem Kopf.

Am Abend bin ich zu meinem Großvater gelaufen, der gleich nebenan wohnte. Er wusste alles, konnte mir auf jede Frage eine Antwort geben und hatte immer eine seiner vielen Geschichten von seinen Reisen durch die ganze Welt parat, wenn ich ihn besuchte. Ich erzählte ihm von meinem Zirkusbesuch und dem traurigen Elefanten und fragte ihn, warum der Elefant denn nicht einfach den Pflock aus der Erde zog, wo Elefanten doch so viel Kraft haben. Mein Großvater wurde ganz ernst und ich erfuhr von ihm, dass kleine Elefanten, die später im Zirkus auftreten sollen, nach der Geburt an einen Pfahl gekettet werden. Zu Beginn wehren sie sich und versuchen sich loszureißen. Immer wieder zerren Sie an der Kette, die am Pfahl befestigt ist, bis sie nach und nach aufgeben und sich in ihr Schicksal ergeben.

Sie haben als kleine Elefanten gelernt, dass sie nicht genug Kraft haben, um sich vom Holzpflock loszureißen, und sie versuchen es als große Elefanten nie wieder, weil diese Erfahrung von Hilflosigkeit und Ohnmacht sich in ihrem Gedächtnis festgesetzt hat.«

Vielen von uns geht es so wie dem Zirkuselefanten: Schmerzliche Erfahrungen haben uns gelehrt, dass wir irgendetwas nicht können. Innere Glaubenssätze wie »Das kann ich nicht«, »Das hat bei mir noch nie funktioniert« halten uns davon ab, etwas zu verändern oder auszuprobieren. Und wenn wir uns dann überwinden, es doch zu probieren, versuchen wir es oft genug nur halbherzig. Als wollten wir eine Bestätigung, dass wir es eben doch nicht können. Wir gehen automatisch davon aus, dass wir bestimmte Situationen oder Sachverhalte ohnehin nicht kontrollieren und beeinflussen können. Martin Seligman nennt dieses Phänomen erlernte Hilflosigkeit.

Wenn wir uns selbst mit Achtsamkeit begegnen, können wir mehr und mehr unsere Aufmerksamkeit darauf richten, was uns an alten Überzeugungen festhalten lässt. Wir bemerken, was genau uns stresst und was während des Stressgeschehens in uns abläuft. Dabei lernen wir uns selbst, unsere eigenen inneren Stressoren in Form von Gefühlen, schwierigen Gedanken und Überzeugungen besser kennen. Auf diese Weise kommen wir mit unserem inneren Beobachter in Kontakt. Es ist also hilfreich, in einer stressigen Situation erst einmal innezuhalten, den Atem zu spüren und uns wieder in Kontakt mit uns selbst und dem gegenwärtigen Augenblick zu bringen.

Die folgende Übung unterstützt Sie dabei.

ACHTSAMKEITSÜBUNG

Atempause

Setzen Sie sich in eine aufrechte Position, die Füße parallel zueinander auf dem Boden, die Hände im Schoß. Nehmen Sie Kontakt auf mit dem Atem, der in den Körper hineinströmt und wieder herausfließt, und richten Sie Ihre ganze Aufmerksamkeit auf das Auf und Ab des Atems. Der Atem kommt und geht, kommt und geht,

und Sie begleiten ihn mit Ihrer ganzen Aufmerksamkeit,
für drei Atemzüge oder 30 oder so viele Sie mögen. Wenn
Gedanken auftauchen, dann lassen Sie diese so gut es
geht vorbeiziehen, ohne sie festzuhalten. Wenn ein Gedanke Sie wegträgt, dann kommen Sie immer wieder
freundlich zurück zum Atem, ganz gleich, wie oft das
passiert.
Wenn Sie bereit sind für einen Change, sollten Sie diese
Übung so oft es geht in Ihren Arbeitsalltag integrieren.

Mit dieser kleinen Übung bringen Sie Ihre Aufmerksamkeit
auf den Atem und den Körper. Immer dann, wenn wir den
Atem spüren und unsere Körperempfindungen, sind wir im
Hier und Jetzt und nehmen den momentanen Zustand unseres Körpers wahr. Wenn wir die Aufmerksamkeit auf unseren Atem richten und auch nur eine kurze Zeit ganz im
jetzigen Moment sind, wird uns klar, dass unser Leben aus
lauter Augenblicken besteht, die sich aneinanderreihen. Diese Augenblicke sind alles, was wir haben, sie sind die einzige Zeit, in der wir das wahrnehmen, was tatsächlich gerade ist – wie sich unser Körper jetzt anfühlt, welches Gefühl
gerade jetzt auftaucht und welchem Gedanken wir gerade
jetzt nachhängen. Sobald der Augenblick vergangen ist, ist
er Vergangenheit und die Vergangenheit wird von uns immer interpretiert, geschönt, geschwärzt, geleugnet oder neu
erdacht. Und der nächste Augenblick? Ist Zukunft, völlig un-
gewiss, mit Erwartungen belegt, mit Sorgen, Befürchtungen
und Hoffnungen.

Den Körper spüren

Gerade unser Körper zeigt uns auf vielfältige Weise, wenn wir über unsere Grenzen gehen, weil wir uns zu wenig Ruhe gönnen, zu viele Überstunden machen, ständig erreichbar sind und sogar in unserer Freizeit von einem Termin zum nächsten hetzen. Wenn wir im Stress sind, ist der gesamte Körper angespannt, besonders die Muskeln im Schulter- und Nackenbereich und im Rücken sind davon betroffen. Ignorieren wir über Jahre oder sogar Jahrzehnte unsere Grenzen, zeigt uns unser Körper irgendwann die rote Karte. Wir haben Schmerzen, sind immer häufiger erkältet, bekommen Allergien, leiden unter Schlafstörungen, oder Erkrankungen werden chronisch. Je besser wir in der Lage sind, auf unseren Körper zu hören, seine Signale zu erkennen, umso früher können wir etwas verändern in unserem Leben.

Wir selbst haben in unserer Zeit als Führungskräfte sehr häufig die Warnzeichen unseres Körpers ignoriert, weil wir glaubten, funktionieren zu müssen, uns nicht erlauben zu können, krank zu sein. Wiederkehrende starke Erkältungen wurden mit Tabletten bekämpft, was zu regelmäßig auftretenden Kehlkopfentzündungen und Stimmversagen führte. Das Arbeitswerkzeug, die Stimme, stand teilweise über mehrere Wochen nicht zur Verfügung. Oder die wiederkehrende Migräne, die so stark wurde, dass am Ende nur noch ein abgedunkelter Raum, ein Bett und Schlaf halfen. Jedoch nicht, ohne vorher den beruflichen Pflichten während einer Messe nachgekommen zu sein, vollgepumpt mit Migränemitteln.

Heute wissen wir, dass unser Körper einfach nur die Notbremse gezogen hat. Und zwar so drastisch, dass wir geradezu gezwungen waren, uns auszuruhen und zu erholen. Bis zur nächsten Kehlkopfentzündung und Migräne und schließlich dem Burn-out, der uns gelehrt hat, auf den Körper zu hören und seine Signale zu erkennen.

Bei den meisten Menschen ist die Körperwahrnehmung nicht besonders gut ausgeprägt. Jede Emotion zeigt sich im Körper und manifestiert sich an unterschiedlichen Stellen. Jeder Gedanke, selbst wenn er noch gar nicht in unserem Bewusstsein angelangt ist, hat Auswirkungen auf unseren Körper, der wiederum unserem Gehirn Rückmeldung gibt. Auf diese Weise beißen wir uns fest in einem Wirrwarr von Emotionen, Bewertungen und Urteilen und fühlen uns im Stresserleben gefangen. Je besser unsere Beziehung zu unserem Körper ist und je früher wir bereits feinste körperliche Reaktionen wahrnehmen, umso eher können wir aus dem Stresserleben aussteigen und uns dem widmen, was uns guttut. Vielleicht bei der Arbeit eine Pause einlegen, mehr schlafen, weniger Alkohol trinken, uns aus negativen Beziehungen verabschieden, kurz: das ändern, was unser Wohlbefinden auf Dauer beeinträchtigt.

Eine wirksame Übung, mit der wir Verbindung mit unserem Körper aufnehmen, seine Reaktionen auf unterschiedliche Reize wahrnehmen und immer feinere Nuancen erkennen können, ist der Body Scan.

Der Body Scan ist eine Achtsamkeitsübung, d. h. es geht um die bewusste Wahrnehmung unseres Körpers und unsere Anwesenheit im Hier und Jetzt. Es geht darum, den Körper und alle aufkommenden Empfindungen mit einer wachen interessierten und vor allem annehmenden inneren Haltung zu erkunden.

Wenn Sie diese Übung machen, kann es sein, dass Sie bemerken, schläfrig zu werden. Sie können dann jederzeit Ihre Augen öffnen oder vom Liegen ins Sitzen kommen.

ACHTSAMKEITSÜBUNG

Body Scan

Eine Anleitung als Audio-Datei finden Sie auf unserer Homepage unter www.achtsamkeit-at-work.com/Audios.

Wir laden Sie ein zu einer angeleiteten Körperübung, dem sogenannten Body Scan.

Sie können den Body Scan im Liegen oder im Sitzen durchführen.

- Nehmen Sie eine bequeme Haltung ein und richten Sie sich so ein, dass Sie sich wohl fühlen.
- Richten Sie Ihre Aufmerksamkeit in den Körper, spüren Sie den Kontakt zur Unterlage oder zum Stuhl.
- Fühlen Sie zu den Auflageflächen hin, auf denen der Körper ruht, die Rückseite, das Gesäß, Schultern, Füße, nehmen Sie die gesamte Rückseite wahr und spüren Sie, wie der Boden oder der Stuhl Sie trägt und Sie Ihr Gewicht dem Untergrund überlassen können. Erlauben Sie sich, ganz in dieser Haltung anzukommen.
- Wenn es Ihnen möglich ist, halten Sie die Augen sanft geschlossen. Falls dies nicht möglich ist, können Sie sie auch leicht zur Decke oder zum Boden hin geöffnet halten. In beiden Fällen ist Ihr Blick weich nach innen gerichtet.
- Lenken Sie nun Ihre Achtsamkeit auf den Atem und werden Sie sich bewusst, dass Ihr Körper atmet. Spüren Sie, wie der Atem in den Köper einströmt, sich im Körper ausbreitet und wie die Atemluft den Körper wieder verlässt. Versuchen Sie nicht, den Atem zu beeinflussen. Nehmen Sie einfach nur wahr, wie der Atem in den Körper einströmt und aus dem Körper wieder herausströmt.

- Vielleicht gibt es eine Stelle in Ihrem Körper, an der Sie den Atem am deutlichsten wahrnehmen können. Das kann an der Nase sein oder im Brustbereich oder am Bauch oder wo auch immer Sie den Atem am deutlichsten spüren. Bündeln Sie dort Ihre Aufmerksamkeit für ein paar Momente beim Atmen.
- Dann richten Sie Ihre Aufmerksamkeit auf Ihre beiden Füße, den linken und rechten Fuß, bis zu den beiden großen Zehen. Die großen Zehen spüren, dann die kleinen Zehen und die Zehen zwischen den kleinen und den großen Zehen.

  Die Fußsohlen,

  die Fersen,

  die Fußrücken,

  die Fußgelenke.
- Beide Füße als Ganzes wahrnehmen.
- Beobachten Sie alle Empfindungen, die Sie wahrnehmen können, ganz gleich, ob sie angenehm, unangenehm oder neutral sind. Nehmen Sie alles mit einer akzeptierenden inneren Haltung an.
- Gehen Sie dann mit Ihrer Aufmerksamkeit zum linken und rechten Unterschenkel, zu den Waden, dem linken und rechten Schienbein. Folgen Sie dem Verlauf der Unterschenkel in ihrer ganzen Länge von den Fußgelenken bis hinauf zu den Knien. Spüren Sie die Knie, die Kniescheiben, die Kniekehlen und die Kniegelenke.
- Lenken Sie nun Ihre Wahrnehmung auf beide Oberschenkel, auf die Oberseite und Unterseite. Vielleicht nehmen Sie den Kontakt Ihrer Oberschenkel zu Ihrer Kleidung wahr.

- Es kann sein, dass Sie Kälte oder Wärme spüren, ein Kribbeln, Jucken, Schwere oder Leichtigkeit, Anspannung oder Entspannung ... Alle Empfindungen ... nur wahrnehmen.
- Und es kann auch sein, dass sich Gefühle zeigen wie zum Beispiel Ungeduld, Unruhe, Langeweile, Abneigung oder auch Freude, Gelassenheit, Dankbarkeit.
- Und auch, wenn Sie nichts fühlen, nehmen Sie einfach das nicht Fühlen wahr.
- Wichtig ist allein die Qualität Ihrer Aufmerksamkeit, wach, entspannt, offen und empfangsbereit, ohne etwas leisten oder erreichen zu wollen.
- Folgen Sie nun dem Verlauf der Oberschenkel von den Knien bis hinauf zu den Hüftgelenken. Sammeln Sie die Aufmerksamkeit im linken und rechten Hüftgelenk und weiten Sie den Fokus auf den gesamten Beckenbereich aus.
- Atmen Sie noch einmal durch beide Beine hindurch und aus ihnen hinaus.
- Richten Sie nun Ihre Aufmerksamkeit auf Ihr Becken,
- nehmen Sie Ihr Steißbein wahr,
- das Gesäß auf der Unterlage,
- den Anus,
- die Genitalien,
- die Leisten
- und den unteren Bauch.
- Was empfinden Sie dort? Jetzt, in diesem Moment?
- Vielleicht können Sie wahrnehmen, welche Teile in dieser Region des Körpers auf der Unterlage oder am Stuhl Kontakt haben. Nehmen Sie auch hier die Körperempfindungen wahr.

- Und wenn Gedanken kommen, ist dies ganz normal. Nehmen Sie wahr, was Ihnen durch den Kopf geht, und kommen Sie mit Ihrer Aufmerksamkeit wieder zurück in die jeweilige Körperregion.
- Lenken Sie nun Ihre Achtsamkeit auf den unteren Rücken und den Bereich der Lendenwirbelsäule. Weiter, Wirbel für Wirbel nach oben über den mittleren Rücken hoch zur oberen Rückenpartie bis hin zu den Schultern und Schulterblättern. Den gesamten Rücken über die ganze Fläche wahrnehmen. Den Kontakt zum Boden oder zum Stuhl spüren.
- Gehen Sie dann mit der nächsten Einatmung an den Seiten hinab zur unteren Bauchregion. Spüren Sie den Unterbauch und die Region um den Bauchnabel. Vielleicht können Sie wahrnehmen, wie sich die Bauchdecke beim Atmen hebt und senkt.
- Lenken Sie mit dem nächsten Atemzug die Aufmerksamkeit auf den mittleren Teil des Bauches ... und dann weiter über den Oberbauch zur Brustregion.
- Den Brustkorb, das Brustbein und die Rippen spüren.
- Den Rhythmus und den Bereich des Herzens wahrnehmen. Alle Empfindungen dort. Wahrnehmen, ohne zu bewerten, einfach hier sein und das Herz fühlen.
- Nehmen Sie noch einmal den ganzen vorderen Bereich, vom Unterbauch über den Brustkorb bis hoch zum Schultergürtel, wahr.
- Spüren Sie von innen her zu den Schultern hin, zu den Schulterblättern, den Schlüsselbeinen und in die Schultergelenke hinein.
- Führen Sie dann die Aufmerksamkeit von den Schultergelenken durch die Arme hindurch bis zu den Händen, bis zu den Fingern und bis zu den Fingerspitzen.

- Jeden einzelnen Finger spüren. Die Handflächen wahrnehmen, die Handrücken, die Handgelenke. Beide Hände spüren.
- Fühlen Sie dann die Unterarme von den Handgelenken bis rauf zu den Ellenbogengelenken, von dort zu den Oberarmen bis rauf zu den Schultergelenken.
- Spüren Sie beide Arme, so wie sie sind, und atmen Sie noch einmal durch beide Arme hindurch und aus ihnen hinaus.
- Sammeln Sie dann die Aufmerksamkeit in den Schultergelenken und weiten Sie wieder den Fokus Ihrer Aufmerksamkeit, indem Sie die Wahrnehmung der einen Schulter mit der Wahrnehmung der anderen Schulter verbinden und so den gesamten Schulter-/Nackenbereich wahrnehmen.
- Nun die Achtsamkeit von den Schultern zum Hals, zum Nacken, zur Halswirbelsäule und zum Kopf lenken. Folgen Sie dem Verlauf der Halswirbelsäule und dem Verlauf des Halses, Wirbel für Wirbel bis zum Kopf. Gehen Sie dann mit der Aufmerksamkeit weiter zum Gesicht. Spüren Sie die Kehle, das Kinn, den Unter- und Oberkiefer, die Region des Mundes.
- Von dort weiter zur Nase und den Nasenlöchern, zum Nasenflügel und Nasenrücken. Spüren Sie, wie die Luft in die Nase ein- und wieder ausströmt.
- Die Wangen, den Bereich der Augen, die Ohren wahrnehmen.
- Gehen Sie dann weiter mit Ihrer Wahrnehmung zur Stirn und zum oberen Teil des Kopfes. Spüren Sie die Kopfhaut, das Haar und den Scheitelpunkt.
- Stellen Sie sich nun vor, Sie könnten vom Scheitelpunkt her ein- und ausatmen. Lassen Sie beim nächs-

ten Einatmen den Atem am Scheitelpunkt in den Körper hineinströmen, durch den ganzen Körper hindurch
und atmen Sie an den Fußsohlen wieder aus.

- Lassen Sie dann mit dem nächsten Einatmen den
  Atem durch die Fußsohlen hineinströmen, durch den
  Körper hindurch und am Scheitelpunkt wieder hinaus.
- Der ganze Körper atmet.
- Spüren Sie, wie jedes Einatmen den Körper weitet,
  erfrischt, mit neuer Energie und Lebenskraft belebt
  und jedes Ausatmen den Körper und jede Zelle von
  Verbrauchtem befreit.
- Beenden Sie nun diese Übung.
- Öffnen Sie Ihre Augen, falls Sie sie geschlossen hat-
  ten, und kommen Sie in Ihrem eigenen Tempo und,
  wenn Sie mögen, mit eigenen Bewegungen wieder
  zurück ins Außen.
- Spüren Sie, was Ihrem Körper jetzt guttut, um den
  Body Scan zu beenden, vielleicht möchten Sie sich
  rekeln oder strecken oder gähnen.
- Bleiben Sie, solange es möglich ist, in der Achtsamkeit, auch wenn Sie sich nun wieder Ihrem Alltag widmen.

Unser Körper ist absolut ehrlich. Er gibt uns eine klare Rückmeldung zu unserem momentanen Zustand. Auch wenn der
Verstand noch so gut leugnet und uns sagt, dass es uns doch
prima geht und wir das alles schon schaffen, wenn wir uns
nur einfach noch ein bisschen anstrengen. Der Körper zeigt
uns ganz klar, wenn wir ausgelaugt, immer wieder über un-

sere Grenzen gegangen sind und keine Pausen eingelegt haben. Die Last unserer unverarbeiteten Konflikte, unserer vermeintlichen Schuld, der vielen Aufgaben, die wir in viel zu kurzer Zeit erledigen wollen oder sollen, lastet auf unseren Schultern und unserem Rücken, die angespannt sind und hart. Und irgendwann werden die Schmerzen chronisch. Unser Magen schmerzt und zieht sich zusammen, wenn wir Wut und Ärger in uns hineinfressen, und unser Herz beginnt zu stolpern, wenn wir uns von unseren Gefühlen abschneiden und nur noch funktionieren.

Wenn wir den Body Scan machen, beobachten wir unsere Erfahrungen einfach, ohne etwas daran zu ändern. Wenn eine Empfindung angenehm ist, dann ist sie angenehm, und wenn eine Empfindung unangenehm ist, dann ist sie unangenehm. Anstatt unseren normalen Reaktionsmustern nachzugehen, Unangenehmes abzulehnen und loswerden sowie Angenehmes behalten oder verstärken zu wollen, beobachten wir Angenehmes und Unangenehmes gleichermaßen. Dabei nehmen wir eine möglichst annehmende, nicht wertende Haltung ein. Wir nehmen die Empfindungen im Körper so wahr, wie sie sind. Nicht mehr und nicht weniger.

Im Body Scan erleben wir, dass unsere Körperempfindungen mit Gefühlen und Gedanken einhergehen. Jeder Gedanke oder jedes Gefühl, das im Geist entsteht, löst wiederum eine Empfindung im Körper aus. Dadurch, dass wir während des Body Scans diese Vorgänge im Detail beobachten, lernen wir unseren Körper und Geist und die jeweiligen Reaktionen näher kennen. Wir entwickeln ein feineres Körperbewusstsein und kommen dadurch tiefer mit uns selbst in Kontakt. Dies ermöglicht es uns, in unserem alltäglichen Leben präsenter zu sein und uns für alle Facetten und Erfahrungen unseres Daseins zu öffnen, ganz gleich, ob diese angenehm oder unangenehm erscheinen.

Eine weitere wirksame Übung, durch die wir Verbindung mit unserem Körper aufnehmen und dabei auch unsere Grenzen besser kennenlernen, sind die achtsamen Körperbewegungen aus dem Yoga. Durch diese sanften Stretchingübungen kommt Ihr Körper in Bewegung, Muskeln entspannen sich und die Energie kann wieder fließen.

Beobachten Sie während dieser Übungen genau Ihre Grenzen. Wann gehen Sie über Ihre Grenzen hinaus, weil Sie glauben, das schaffen zu müssen? Welche Aussage macht dieser Umstand über Ihr allgemeines Verhalten im Umgang mit Grenzen?

Es geht bei diesen Übungen weniger darum, alles exakt richtig auszuführen, als vielmehr darum, in einen Fluss zu kommen und die eigenen Empfindungen des Körpers wahrzunehmen. Wenn Sie eine Übung einmal nicht ausführen können, z. B. die Vorwärtsbeuge, oder auch eine andere Übung, dann machen Sie diese Übung einfach in Ihrer Vorstellung. Dabei werden im Gehirn die gleichen Regionen angesprochen, wie wenn Sie die Übung tatsächlich ausführen.

Zahlreiche Studien belegen mittlerweile, wie schädlich langes Sitzen für unseren Rücken ist und wie häufig dadurch ernsthafte Bandscheibenprobleme entstehen. Um bleibende Rückenschäden zu vermeiden, wird Bewegung spätestens jede Stunde empfohlen.

Einzelne dieser Übungen können Ihnen auch zwischendurch als Stretchingübungen behilflich sein, grade wenn Sie lange sitzen. Wählen Sie sich hierzu zwei bis drei Übungen aus und bauen Sie sie so oft es geht in Ihren Arbeitsalltag ein.

ACHTSAMKEITSÜBUNG

Achtsame Körperbewegung

Eine Anleitung als Audio-Datei finden Sie auf unserer
Homepage unter www.achtsamkeit-at-work.com/Audios.
Wir laden Sie ein zu einer angeleiteten Übung für die
achtsamen Körperbewegungen.

- Nehmen Sie eine bequeme Haltung im Stehen ein.
  Die Füße sind etwa hüftbreit auseinander, die Knie
  leicht gebeugt, der Rücken ist gerade und aufgerichtet, der Nacken ist lang, die Schultern entspannt.
- Die Arme hängen locker an den Seiten des Körpers,
  der Kopf ist in der Mitte, das Kinn leicht zur Brust
  gezogen.
- Wenn es Ihnen angenehm ist, schließen Sie die Augen. Richten Sie Ihre Aufmerksamkeit nach innen.
- Einfach einen Moment lang nur hier sein und sich
  stehend wahrnehmen. Es gibt nichts zu tun. Nichts zu
  leisten.

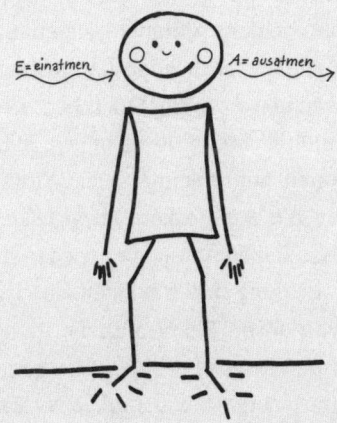

- Bei den folgenden achtsamen Körperbewegungen aus dem Yoga geht es nicht darum, etwas richtig oder gut oder besser zu machen. Es geht nicht darum, irgendwohin zu gelangen, sondern es geht mehr darum, sich von Moment zu Moment so zu erfahren, wie Sie gerade sind, von Augenblick zu Augenblick Körperempfindungen, Gedanken und Gefühlen Raum zu geben und sie bewusst anzuerkennen.
- Achtsam den Körper zu bewegen gibt uns Gelegenheit, mehr über den Umgang mit den eigenen Grenzen zu erfahren.
- Spüren Sie nun den Kontakt Ihrer Füße zum Boden.
- Beobachten Sie Ihren Atem und nehmen Sie wahr, wie der Atem von ganz alleine in den Körper einströmt und wieder ausströmt. Seien Sie für ein paar Momente ganz bei Ihrem Atem.

Übung 1:

- Bringen Sie einatmend Ihre beiden gestreckten Arme über vorne nach oben, bis die Arme und die Handflächen in Richtung Himmel zeigen. Strecken und dehnen Sie sich, nach oben hin. Ausatmend lassen Sie den rechten Arm ein Stückchen weiter als den linken Arm in Richtung Decke gehen. Mit dem nächsten Einatmen den linken Arm ein Stückchen weiter nach oben hin ausstrecken. Abwechselnd den rechten und den linken Arm immer wieder ein Stückchen weiter in Richtung Decke bringen, so, als wollten Sie Früchte von einem Baum pflücken. Nehmen Sie die Dehnung und Streckung Ihres Oberkörpers und der Arme wahr. Achten Sie darauf, dass Ihre Schultern locker bleiben.

- Mit dem nächsten Ausatmen die gestreckten Arme über vorne wieder in die Ausgangsposition bringen, bis sie wieder an den Seiten des Körpers ganz locker baumeln.
- Kommen Sie dann langsam zum Ende.
- Spüren Sie, wie sich der Körper jetzt nach dieser Übung anfühlt.

Übung 2:
- Einatmend die gestreckten Arme nach vorne führen, parallel zum Boden ausrichten und noch mit dem gleichen Einatemzug zu den Seiten hin auf Schulterhöhe öffnen, so, als würden Sie ein Fenster öffnen.
- Ausatmend die Arme wieder zur Mitte vor den Körper zurück und nach unten zurück in die Ausgangsposition führen, so, als würden Sie ein Fenster schließen.
- Ein, zwei Atemzüge in der Ausgangsposition verweilen.
- Fahren Sie dann in Ihrem eigenen Atemrhythmus fort.
- Gönnen Sie sich nach jedem Bewegungsablauf einen oder mehrere Atemzüge Pause.
- Ihr Atem führt die Bewegung.
- Kommen Sie dann langsam zum Ende.
- Spüren Sie, wie sich der Körper jetzt nach dieser Übung anfühlt.

Übung 3:

- Drehen Sie bei dieser Übung die Handflächen nach außen, sodass die Daumen nach hinten zeigen, um dann mit der nächsten Einatmung die ausgestreckten Arme in einem großen Kreis über die Seiten nach oben zu bewegen, bis sich die Handinnenflächen oben über Ihrem Kopf berühren.
- Mit der Ausatmung die gefalteten Hände nach unten bis vor die Brust führen.
- Einatmend die Hände dann wieder nach oben bringen und mit der Ausatmung die Arme über die Seiten in einem großen Kreis wieder zurück in die Ausgangsposition führen.
- Gönnen Sie sich nach jedem Bewegungsablauf einen oder mehrere Atemzüge Pause.

- Fahren Sie dann in Ihrem eigenen Atemrhythmus fort.
- Ihr Atem führt die Bewegung.
- Kommen Sie dann langsam zum Ende.
- Spüren Sie, wie sich der Körper jetzt nach dieser Übung anfühlt.

Übung 4:
- Mit dem Einatmen die gestreckten Arme nach vorne führen, parallel zum Boden ausrichten.
- Ausatmend die Unterarme vor der Brust kreuzen, die Handinnenflächen zeigen in Richtung des Oberkörpers.
- Mit der nächsten Einatmung die Arme auf Schulterhöhe zur Seite hin ausstrecken und mit der Ausatmung die Arme nach unten absenken.
- Einen Augenblick in der Ausgangsposition verweilen.
- Im eigenen Atemrhythmus fortfahren.
- Ihr Atem führt die Bewegung.
- Kommen Sie langsam zum Ende.
- Spüren Sie, wie sich der Körper jetzt nach dieser Übung anfühlt.

Übung 5:

- Lassen Sie Ihr Kinn leicht nach vorne in Richtung Brust sinken und rollen Sie ausatmend den Oberkörper Wirbel für Wirbel nach unten ab. Nehmen Sie den Körper nach vorne gebeugt wahr und lassen Sie sich aushängen. Kopf und Schultern lockern, jegliche Anspannung abgeben. Beugen Sie sich so weit vor, wie es Ihnen heute möglich ist. Wenn Sie wollen, können Sie mit leicht gebeugten Beinen abwechselnd die Knie weiter beugen, so als würden Sie im Stehen gehen. Spüren Sie in dieser Haltung und Bewegung Ihren Atem und Ihren Körper. Bleiben Sie nur so lange in dieser Haltung, wie sie heute für Sie angenehm ist und Ihnen guttut.
- Rollen Sie dann mit einer Ihrer nächsten Einatmungen den Oberkörper Wirbel für Wirbel wieder nach oben auf.
- Spüren Sie, wie sich der Körper jetzt nach dieser Übung anfühlt.

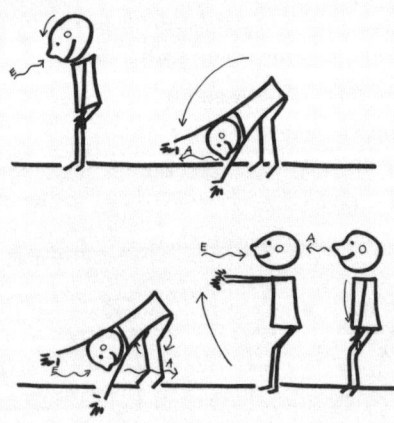

Übung 6:

- Einatmend die gestreckten Arme erneut nach vorne führen, parallel zum Boden ausrichten. Ausatmend bringen Sie Ihr Gesäß nach hinten, als würden Sie sich auf einen imaginären Stuhl setzen. Der Oberkörper bleibt dabei gerade und so gut es geht aufgerichtet. Einen Moment in dieser Haltung verweilen. Spüren Sie Ihre Arme und Beine in dieser Haltung und nehmen Sie auch den Atem wahr.
- Kommen Sie langsam zum Ende und in die Ausgangsposition zurück.
- Spüren Sie, wie sich der Körper jetzt nach dieser Übung anfühlt.

Übung 7:

- Nehmen Sie sich noch einmal stehend wahr. So, wie sich Ihr Körper jetzt nach diesen achtsamen Körperbewegungen anfühlt.
- Spüren Sie erneut den Kontakt Ihrer Füße zum Boden, fest verwurzelt mit dem Boden wie ein Baum und auch Ihre Aufrichtung und Ausrichtung nach oben.
- Den Körper spüren.
- Den Atem wahrnehmen.
- Beenden Sie nun diese Übung.
- Öffnen Sie Ihre Augen, falls Sie sie geschlossen hatten, und kommen Sie in Ihrem eigenen Tempo und, wenn

Sie möchten, mit eigenen Bewegungen wieder zurück ins Außen.

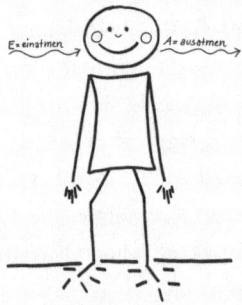

Vielleicht möchten Sie sich rekeln und strecken oder gähnen. Spüren Sie, was Ihrem Körper jetzt guttut. Bleiben Sie so lange es möglich ist in der Achtsamkeit, auch wenn Sie sich nun wieder Ihrem Alltag widmen.

© Gerlinde Albrecht und Sabine Fries

Gedanken wahrnehmen

Bei den bisherigen Übungen haben Sie wahrscheinlich bemerkt: Permanent gehen uns Gedanken durch den Kopf und es ist eine große Herausforderung, einfach nur den Atem zu spüren oder die Aufmerksamkeit auf den linken Fuß zu richten. Gerade noch konzentrierten wir uns auf den Atem und schon taucht ein Gedanke auf, der uns davon ablenkt. Meist bleibt es nicht bei dem einen Gedanken, sondern es werden ganze Geschichten daraus und wir bemerken erst nach einiger Zeit, dass wir ja eigentlich beim Atem sein wollten. Gerade dann, wenn wir in die Ruhe gehen und uns unserem Atem und unserem Körper zuwenden, nehmen wir unseren unruhigen Geist wahr. Es gibt keinen Grund, deswegen zu verzweifeln. Wir sind eben Menschen und unser Geist ist gerne aktiv. Gefördert wird dies in der heutigen Zeit durch die ständige Überhäufung mit Informationen. Im Büro und oft auch noch zu Hause erhalten wir eine E-Mail und einen Anruf nach dem anderen, SMS werden hin- und hergeschickt und es herrscht ständiger Input durch Fernsehen, Radio oder Internet, die uns mit einer Flut von Reizen bombardieren.

Doch auch dann, wenn wir zur Ruhe kommen möchten oder uns schlafen legen, kreisen die Gedanken. Wir ärgern uns über verpasste Gelegenheiten, über erlittenes Unrecht und über schwierige Entscheidungen, die vor uns liegen. Wie sollen wir das nur alles schaffen? Vieles taucht mit großer Regelmäßigkeit auf, teilweise schon seit Jahren oder Jahrzehnten. Und immer wieder reagieren wir auf die gleiche Art und Weise: Wir lassen uns darauf ein und schreiben im Geiste ganze Romane über uns und die Menschen in unserer Umgebung. Und wir halten diese Gedanken für die Wirklichkeit. Verzweiflung macht sich breit und wir fragen uns, wo denn der Knopf zum Abschalten ist. »Ruhe da oben«, sagen wir oft genervt zu uns selbst.

Doch die Gedanken lassen sich nicht abstellen. 60.000 bis 80.000 Gedanken gehen uns täglich durch den Kopf. Die meisten rauschen vorbei und wir nehmen sie lediglich im Hintergrund wahr, wie ein Radio, das ununterbrochen leise spielt. Nicht wenige Gedanken sind wunderbar und kreativ. Sie planen vielleicht die nächste Wandertour und haben eine ganz fantastische Route ausgearbeitet. Oder Sie haben die Idee, einen Freund zum Essen einzuladen. Und vielleicht fällt Ihnen sogar gerade eine Lösung ein für das Problem eines Ihrer Kunden oder für das neue Projekt, in das Sie eingebunden sind.

Doch da gibt es auch die Gedanken, die uns unglücklich machen, die negativen und pessimistischen, die sorgenvollen Gedanken, die uns belasten, unsere Stimmung verdunkeln, uns erstarren und depressiv werden lassen. Meistens sind wir mittendrin in diesen Gedanken und spüren, wie unser ganzer Körper darauf reagiert.

ACHTSAMKEITSÜBUNG

Gedanken beobachten

Immer wenn Sie einen Gedanken bewusst wahrnehmen, sagen Sie: »Denken, denken, denken.« Dabei spüren Sie in Ihren Körper hinein und beobachten, was passiert, wenn Sie auf diese Weise Ihre Gedanken beobachten.

Sie können diese Übung auch ganz bewusst machen, indem Sie sich hinsetzen, die Augen schließen und alle aufkommenden Gedanken auf diese Weise beobachten. Wenn Sie das einige Zeit lang praktizieren und immer wieder inmitten Ihrer Gedanken sind, merken Sie, welche Gedanken wiederholt auftauchen und wie Sie sich mit ihnen identifizieren. Gerade auch mit den dunklen Gedanken, die Ihre Stimmung in den Keller bringen und Sie möglicherweise auf Dauer depressiv oder krank machen. Das Erkennen und Beobachten der destruktiven und urteilenden Gedanken ist ein wichtiger Schritt zu einer Veränderung. Dabei geht es nicht darum, diese Gedanken aufzuhalten. Gedanken steigen auf, ohne dass wir Einfluss darauf haben. Wir können jedoch entscheiden, wie wir damit umgehen.

Je genauer Sie Ihre Gedanken kennen, vor allem die wiederkehrenden, desto eher können Sie innerlich ein Stopp setzen und aus diesem Gedankenkarussell aussteigen. Und je vertrauter Ihnen auch Ihre eigene innere Landkarte, Ihre subjektive Brille und die damit einhergehenden Bewertungen sind, desto eher fällt es Ihnen auf, wenn Ihnen Ihr Geist beispielsweise ein Horrorszenario für das Meeting in zwei Wochen vorspielt, ohne dass es irgendwelche Anhaltspunkte dafür in der Realität gäbe.

Hierzu gibt es auch eine schöne Geschichte aus dem alten China:

Ist es Glück, ist es Pech? Wer weiß das schon?

In einem Dorf lebte ein alter Mann gemeinsam mit seinem Sohn. Sie waren beide sehr arm. Ihr einziger Besitz waren ein einfaches Haus mit einem Stall und ein wunderschönes Pferd. Man hatte dem alten Mann schon fantastische Summen für das Pferd angeboten, aber er verkaufte es nicht.

Eines Morgens war das Pferd verschwunden. Alle Nachbarn kamen zusammen und sagten: »Hättest du es bloß verkauft. Jetzt ist es gestohlen worden. So ein Pech!« Der alte Mann sagte nur: »Das Pferd ist nicht mehr da, das ist alles. Ob es Glück oder Pech ist, wer weiß das schon?« Die Nachbarn schüttelten die Köpfe über den alten Mann und hielten ihn für wunderlich. Nach ein paar Tagen stand das Pferd plötzlich wieder im Stall und hatte sogar fünf wilde Pferde mitgebracht. Es war nicht gestohlen worden, sondern einfach nur ausgebrochen. Schnell sprach sich die Nachricht herum und die Nachbarn kamen, um sich die Pferde anzuschauen. Sie sagten: »Dein Pferd ist zurück und hat

*noch weitere Pferde mitgebracht. So ein Glück!«. Der
Alte antwortete gelassen: »Das Pferd ist wieder da. Ob
es Glück oder Pech ist, wer weiß das schon?«*

*Der Sohn des alten Mannes begann die wilden Pfer-
de zu reiten. Schon am dritten Tag fiel er vom Pferd
und brach sich beide Beine. Schnell eilten die Nachbarn herbei: »Dein einziger Sohn ist jetzt verkrüppelt.
So ein Pech!« Der alte Mann antwortete nur: »Mein
Sohn hat sich beide Beine gebrochen, das steht fest. Ob
es Glück oder Pech ist, wer weiß das schon?«*

*Einige Wochen später begann ein Krieg. Die jungen
Männer des Dorfes wurden als Soldaten verpflichtet und
mussten an die Front. Der Sohn des alten Mannes blieb
zu Hause, er war mit seiner Verletzung nicht als Soldat
zu gebrauchen. Traurig darüber, ihre Söhne in den Krieg
ziehen lassen zu müssen, versammelten sich die Nachbarn wieder bei dem alten Mann. Sie sagten: »Dein Sohn
hat zwar zwei verkrüppelte Beine, aber er muss nicht in
den Krieg ziehen und ist noch bei dir. So ein Glück!« Der
alte Mann antwortete: »Mein Sohn zieht nicht in den
Krieg. Ob es Glück oder Pech ist, wer weiß das schon?«*

Gefühle benennen

Gerade wenn wir unangenehme und belastende Gedanken
haben, sind immer auch Gefühle mit im Spiel. Wir fühlen
uns wertlos, ungeliebt, sind traurig, haben Angst, fühlen uns
schuldig, schämen uns, sind eifersüchtig oder werden wütend. Ein Gefühl kann uns auf der einen Seite überschwemmen und wir reagieren beispielsweise, indem wir andere oder
uns verletzen. Und auf der anderen Seite können wir auch ab-
wehrend und im Kampfmodus reagieren, wollen das Gefühl

loswerden, weil wir uns gut fühlen möchten. Oft haben wir schon als Kinder gelernt, uns von diesen Gefühlen abzuwenden, sie zu unterdrücken.

Wir erinnern uns beide noch an Situationen, in denen wir als Kind große Angst hatten. Jedes Mal, wenn wir diese Angst gegenüber der Mutter äußerten, hieß es: »Stell dich nicht so an, du brauchst doch keine Angst zu haben.« Wie oft haben Sie gehört, dass es doch gar nicht wehtut, wenn Sie sich beim Hinfallen das Knie aufgeschlagen haben, oder dass Sie nicht traurig sein müssen, wenn Ihr Schulfreund oder Ihre Schulfreundin weggezogen ist. Vielleicht haben Ihre Eltern Sie von diesen schwierigen Gefühlen abgelenkt, vielleicht mit Süßigkeiten oder irgendwelchen Aktivitäten. Das führt nicht selten dazu, dass wir uns auch als Erwachsene beim Auftauchen unangenehmer Gefühle ablenken. Dass wir zum Smartphone greifen und nach den neuesten Nachrichten suchen, den Fernseher anstellen oder welche Strategie es auch immer sein mag, mit der Sie den unangenehmen Gefühlen zu entfliehen versuchen. Doch je mehr wir unangenehme Gefühle ignorieren und unterdrücken, umso bedrohlicher werden sie. Sie tauchen immer wieder auf und wirken sich irgendwann körperlich aus, in Form von Migräne, Rückenschmerzen oder Krankheiten. Denn »wenn du etwas unterdrückst, geht es in den Keller und lernt Gewichtheben«.

Vielleicht schnürt Angst uns die Kehle zu oder lastet wie ein Stein auf unserer Brust. Ein anderes Mal können wir gar nicht genau sagen, welches Gefühl gerade auftaucht. Oder wir nehmen wahr, dass neben der Hilflosigkeit auch Wut im Spiel ist. Diese Gefühle verzerren unsere Wahrnehmung und wir sehen in unserer Wut, Angst oder Eifersucht Dinge, die einer Realitätsprüfung nicht standhalten. Wir sind von der Wirklichkeit abgeschnitten, leben in unserem eigenen Film, in dem das Drehbuch von unseren Gefühlen diktiert wird.

Die folgende Übung unterstützt Sie dabei, sich Ihren Gefühlen offen und mutig zuzuwenden, wenn wieder ein schwieriges und unangenehmes Gefühl auftaucht:

ACHTSAMKEITSÜBUNG

Gefühle wahrnehmen

Wenn Sie bemerken, dass ein intensives Gefühl auftaucht, wenden Sie sich dem Gefühl zu und nehmen Sie wahr, wo im Körper Sie dieses Gefühl spüren. Nehmen Sie einfach nur wahr, ohne zu bewerten, und sagen Sie: »Fühlen, fühlen, fühlen.« Wenn Sie dem Gefühl einen Namen geben können, dann benennen Sie es, indem Sie sagen: »Traurigkeit«, »Sehnsucht«, »Besorgnis«, »Freude«, »Lust«, »Neid« oder wie immer Ihr Gefühl heißt. Sie können sich immer wieder mit dem Atem verbinden, wenn das Gefühl zu stark wird oder wenn es verklingt.

Eine wissenschaftliche Untersuchung an der University of California/USA hat gezeigt, dass das Benennen von Gefühlen den Geist beruhigt. Je öfter Sie sich Ihren Gefühlen auf diese Weise zuwenden, umso besser lernen Sie sich und Ihre Reaktionen darauf kennen. Stellen Sie fest, dass bestimmte Gefühle immer wieder auftauchen, können Sie die Auslöser genauer in Augenschein nehmen: Was oder wer löst immer wieder diese Gefühle in Ihnen aus?

Die Übungen zum Wahrnehmen von Gedanken und Gefühlen bringen uns immer wieder in den Augenblick, in dem wir das wahrnehmen, was tatsächlich gerade in Geist und Körper gegenwärtig ist. Im Augenblick ist reine Wahrnehmung möglich, weil wir mit unserem inneren Beobachter verbunden sind. Der innere Beobachter nimmt einfach nur wahr, jenseits von Konzepten und Vorstellungen über uns selbst, die geprägt sind durch unsere Lebensgeschichte, oder über die Vorstellung anderer Menschen und Situationen. Die Hinwendung zum Augenblick, zu unserem inneren Beobachter, lässt uns diese Konzepte und Vorstellungen erkennen als das, was sie sind: Meinungen, Interpretationen, die unserer Sicht auf die Welt eine individuelle Färbung geben. Je öfter wir uns mit dem inneren Beobachter verbinden, umso klarer erkennen wir, dass Gedanken nur Gedanken und Gefühle nur Gefühle sind, dass sie kommen und gehen. Wenn wir uns nicht mit ihnen identifizieren, verändert sich unsere Beziehung zu ihnen. Wir sind nicht länger unsere Gedanken, Gefühle und Körperempfindungen und stellen fest, dass sie keine Macht über uns haben, wenn wir das nicht zulassen. Wir erkennen, dass wir selbst in der Lage sind, aus den automatischen Stressmustern auszusteigen.

Selbstakzeptanz – Eine freundliche Beziehung zu mir selbst entwickeln

Wahrscheinlich haben Sie bereits zu Beginn dieses Buches bei der Übung zur Wahrnehmung des Atems die Erfahrung gemacht, dass Sie schnell abgelenkt waren, Ihr Geist auf Wanderschaft ging und ganze Geschichten um das gesponnen hat, was Sie wahrnahmen. Wie bereits erläutert, stellen wir gerade dann, wenn wir uns auf den Atem konzentrieren, fest, dass eine Vielzahl von Gedanken unsere Aufmerksamkeit unvermittelt vom Atem ablenkt. Und weil wir die Übung gut machen wollen, ärgern wir uns, und dann kom-

men uns Gedanken in den Sinn wie: »Ich kann das nicht«
oder »So eine blöde Übung« oder »Wann kommt endlich
die Entspannung?« Unser Verstand meldet sich, beurteilt,
was wir gerade wahrnehmen, und reagiert auf eine allzu bekannte Weise. Er möchte die Situation so haben, wie er sich
das vorstellt und wie er es gewohnt ist. Unser Verstand bewertet permanent, uns selbst, andere Menschen, Situationen und Ereignisse, und vergleicht all das mit dem uns vor-
schwebenden Idealzustand. Und schon beginnt der Kampf
und wir arbeiten mit allen Mitteln daran, etwas zu verändern, was uns stört, oder etwas zu bekommen, was wir gerade nicht haben.

Unser innerer Kritiker ist besonders intensiv zugange,
wenn es darum geht, das zu bewerten, was wir sehen, hören,
denken, fühlen, empfinden, sagen und tun. Neben der kriti-
schen Bewertung unserer Mitmenschen stehen wir also oft
selbst im Mittelpunkt. Diese Bewertungen unseres Körpers
und Aussehens, unseres Verhaltens und unserer Fähigkeiten
fallen selten liebevoll und großzügig aus. Wir sind mit unserer Kritik hart gegen uns selbst: selten gut genug, wenig at-
traktiv, kaum liebenswert und mit zweifelhaften Fähigkeiten.
Selbst bei Geringfügigkeiten sind wir unnachgiebig gegen
uns selbst und machen uns mit Ausdrücken nieder, die wir
niemand anderem zumuten würden. Warum fällt es uns so
schwer, freundlich und liebevoll mit uns selbst umzugehen?
Warum sind wir uns gegenüber so viel kritischer als anderen
Menschen gegenüber?

Wir leben in unserer westlichen Welt in einer Defizitkultur. Das heißt, dass wir von klein auf und spätestens in der
Schule immer wieder erfahren, was wir nicht richtig bzw.
was wir falsch machen. Viele der Sätze, die wir uns selbst
immer wieder vorsagen, wie »Ich bin nicht gut genug, ich
muss das besser machen«, haben wir von unseren Eltern

und Lehrern übernommen. Diese verfolgten natürlich damit eine gute Absicht und wollten uns so dazu bringen, noch besser zu werden und erfolgreich zu sein. Es führt jedoch dazu, dass wir den Blick immer wieder darauf richten, was an uns vermeintlich nicht gut, nicht richtig, nicht schön ist. Und wir entwickeln eine bestimmte Vorstellung, wie wir sein sollten, um liebenswert, schön und erfolgreich zu sein. Auch die Werbung und unser gesellschaftliches Umfeld zeigen uns mehr oder weniger deutlich, was uns fehlt, um dazuzugehören und erfolgreich zu sein. Wir selbst bleiben dabei auf der Strecke, weil wir nicht gelernt haben, auf uns selbst zu hören, auf das, was wir wirklich wollen und können, und darauf, was wir sind. Die Konzepte und Vorstellungen, die wir über uns haben und die uns zeigen, wie wir vermeintlich sein sollten, überlagern den Menschen, der wir wirklich sind.

Die Achtsamkeit unterstützt uns dabei, uns selbst (wieder) zu finden und mit uns, so wie wir sind, in Kontakt zu treten. Allein die Zuwendung zu uns selbst, die achtsame Wahrnehmung des eigenen Körpers, der Gedanken und Gefühle mit einem nicht wertenden und freundlichen Blick ist zutiefst heilsam, auch wenn wir das nur wenige Minuten am Tag tun. Zu Beginn ist es sicher nicht leicht, sich dem eigenen Schmerz zuzuwenden, da wir es gewohnt sind, Unangenehmes eher zu bekämpfen. Doch der Widerstand gegen unangenehme Gefühle und Stimmungen verschlimmert auf Dauer unsere Befindlichkeit. Wir erwähnten es bereits: Auch wenn wir uns durch Ablenkung und Ignorieren kurzfristig besser fühlen, kommen Kummer und Leid bei nächster Gelegenheit durch die Hintertür zurück.

Folgende Übung kann Ihnen helfen, ein entspanntes und freundliches Verhältnis zu schwierigen Gefühlen und deren körperlichen Begleiterscheinungen zu bekommen:

ACHTSAMKEITSÜBUNG

Weicher werden, beruhigen, zulassen

(inspiriert von Christopher Germer[2])

Nehmen Sie eine bequeme Haltung ein, schließen Sie die Augen und atmen Sie dreimal entspannt ein und aus. Richten Sie Ihre Aufmerksamkeit bewusst auf den Körper und Ihre Körperempfindungen im gegenwärtigen Moment. Nehmen Sie Ihren Atem im Bereich des Herzens wahr, und begleiten Sie achtsam jeden einzelnen Atemzug.

Nun verbinden Sie sich mit einer Situation, die für Sie belastend war und in der Sie ein schwieriges Gefühl, das Sie kennen, wahrgenommen haben. Richten Sie Ihre Aufmerksamkeit auf die Stelle im Körper, an der Sie das schwierige Gefühl am deutlichsten spüren. Nehmen Sie sich einen Moment Zeit, das Gefühl im Körper zu spüren. Dann lassen Sie den Atem sanft in diesen Körperbereich hineinfließen. Lassen Sie die Muskeln weicher werden, ohne dabei zu erwarten, dass sie tatsächlich weich werden, so, als würden Sie verspannten Muskeln Wärme zuführen. Sie können dabei innerlich leise »weicher ... weicher ... weicher« sagen, um den Prozess zu unterstützen. Es geht nicht darum, die Empfindungen loszuwerden, sondern vielmehr darum, sie mit liebevoller Hinwendung zuzulassen.

Und nun schenken Sie sich selbst beruhigende Zuwendung angesichts Ihres Leidens und dessen, was es verursacht. Legen Sie Ihre Hand auf Ihr Herz und spüren Sie

---

2   Christopher Germer, Der achtsame Weg zur Selbstliebe, Freiburg 2010

in den atmenden Körper hinein. Öffnen Sie sich selbst Ihr Herz im Angesicht Ihres Leidens und schenken Sie sich freundliche Worte wie zum Beispiel: »Dies ist eine schmerzhafte Erfahrung. Möge ich Leichtigkeit erlangen, möge es mir wohlergehen.« Oder einfach: »beruhigen ... beruhigen ... beruhigen«.

Lassen Sie das Unbehagen einfach präsent sein. Geben Sie den Wunsch auf, es möge verschwinden. Lassen Sie die Empfindung wie einen Gast kommen und gehen. Sie können dabei innerlich die Worte wiederholen: »zulassen ... zulassen ... zulassen«.

»Weicher werden, beruhigen und zulassen.« – »Weicher werden, beruhigen und zulassen.« Sie können diese Worte wie ein Mantra nutzen, um sich daran zu erinnern, Ihrem Leiden liebevoll und freundlich zu begegnen.

Pater Anselm Grün hat auf treffende Weise ausgedrückt, dass es darum geht, uns so anzunehmen, wie wir sind, mit allem, was zu uns gehört, und uns allem liebevoll, freundlich und akzeptierend zuzuwenden:

Sich mit sich selbst versöhnen heißt:
Frieden stiften mit mir selbst,
einverstanden sein mit mir, so, wie ich geworden bin.
Den Streit schlichten zwischen den verschiedenen
Bedürfnissen und Wünschen, die mich hin und her zerren.
Die Spaltung aufheben, die sich in mir auftut
zwischen meinem Idealbild und meiner Realität.
Die aufgebrachte Seele beruhigen, die sich immer
wieder auflehnt gegen meine Wirklichkeit.
Und es heißt, das küssen, was mir so schwer fällt,

meine Fehler und Schwächen küssen,
zärtlich umgehen mit mir selbst, gerade mit dem,
was meinem Idealbild widerspricht.[3]

Anselm Grün

Selbstwirksamkeit –
Mein Leben liegt in meiner Hand

Als Sie im Kapitel zur Selbstwahrnehmung Ihre »roten Knöpfe« identifiziert und Ihre Stressauslöser sowie die Reaktion darauf notiert haben, haben Sie vielleicht festgestellt, dass zwischen die Auslöser für Ihren Stress und die Reaktion darauf kein Blatt Papier passt. Das ist insbesondere dann der Fall, wenn wir uns ärgern oder wütend sind. Dann passiert es schon mal, dass wir dem Kollegen, der im Winter ständig die Fenster aufreißt, sodass die Temperatur im Büro für Sie gefühlte null Grad beträgt, ein »Egoist« an den Kopf werfen. Und das kann natürlich zu Verstimmungen führen.

Unser Körper zeigt uns auf eindrückliche Weise, wenn uns etwas stresst. Wir ziehen die Schultern nach oben, der Körper ist angespannt, das Herz schlägt schneller und so weiter. Doch wenn der Kontakt zu unserem Körper nicht sonderlich gut ist, spüren wir die Signale nicht und reagieren, wie in obigem Beispiel beschrieben. Üben wir uns dagegen in Achtsamkeit und praktizieren wir regelmäßig beispielsweise den Body Scan, dann verbessern wir damit Schritt für Schritt unsere Selbstwahrnehmung. Halten Sie immer wieder inne und legen Sie eine Wahrnehmungspause ein, spüren Sie den Atem – und lernen Sie sich selbst, Ihren Körper und Ihre Reaktionen immer besser kennen.

---

3   Anselm Grün, Das kleine Buch vom wahren Glück, Freiburg 2014

ACHTSAMKEITSÜBUNG

Wahrnehmungspause

- Setzen Sie sich in eine aufrechte Position, die Füße parallel zueinander auf dem Boden, die Hände im Schoß. Werden Sie sich Ihres Körpers bewusst, des Kontaktes mit dem Stuhl und der Füße mit dem Boden.
- Nehmen Sie eine Minute wahr: »Wie fühle ich mich gerade?« (erschöpft, neugierig, traurig, entspannt, ärgerlich...). Wenn Sie das nicht genau spüren, dann nehmen Sie einfach wahr, ob sie in einer angenehmen, unangenehmen oder neutralen Stimmung sind.
- Nehmen Sie eine Minute wahr: »Wie fühlt sich mein Atem an?«
- Nehmen Sie eine Minute wahr: «Wie fühlt sich mein Körper an?«
- Nehmen Sie einfach nur wahr, bewerten Sie nichts, verändern Sie nichts, tun Sie nichts, lösen Sie sich von dem Gedanken, etwas erreichen zu wollen, versuchen Sie, einfach nur zu sein.

Diese Übung können Sie immer wieder in Ihren Alltag integrieren, morgens nach dem Aufwachen, beim Warten auf den Bus oder Zug, bevor Sie ein wichtiges Telefonat führen oder vor einem entscheidenden Gespräch mit einem Kunden, Mitarbeiter oder Vorgesetzten, und Sie werden merken, dass Ihre Wahrnehmung nach einiger Zeit differenzierter wird.

Und beim nächsten Mal, wenn der Kollege das Fenster aufreißt und für frostige Temperaturen sorgt, entdecken Sie den Raum, der zwischen Reiz und Reaktion entsteht. Dieser Raum ermöglicht es Ihnen, tief durchzuatmen, Ihre körperliche Reaktion, Ihre Gefühle und Gedanken wahrzunehmen. In diesem Raum entsteht Freiheit, die Freiheit zu entscheiden, wie Ihre Reaktion ausfallen soll. Möglicherweise entscheiden Sie sich dann ganz bewusst dafür, Ihren Kollegen freundlich um eine klare Absprache wegen des Lüftens zu bitten. Nicht der Ärger oder die Wut entscheiden für Sie, sondern Sie selbst entscheiden über Ihr Handeln.

Gesund mit schwierigen Gedanken umgehen

»Das Glück deines Lebens hängt von der Beschaffenheit deiner Gedanken ab. Unser Leben ist das Produkt unserer Gedanken«, hat schon Marc Aurel erkannt. Mit Gedanken können wir uns in die Hölle oder in den Himmel begeben. Gedanken nehmen wir überallhin mit und selbst in der schönsten Umgebung können uns dunkle Gedanken heimsuchen, wir können nicht vor Ihnen weglaufen. Nachdem Sie die Übungen zum Beobachten der Gedanken schon einige Male gemacht haben, haben Sie vielleicht festgestellt, dass manche Gedanken immer wiederkehren. Zu diesen »Drehtürgedanken« gehören bevorzugt diejenigen, in denen wir uns bewerten, oftmals sind sie negativ. Gerade diese negativen Gedanken über uns, über Menschen in unserer Umgebung oder über Ereignisse beeinflussen unsere Stimmung enorm und münden in eine Abwärtsspirale, die in einer depressiven Verstimmung enden kann. Wir sind niedergeschlagen, trauen uns nichts zu, fühlen uns ungeliebt und wertlos. Wir sind mittendrin in diesen Gedanken und überzeugt von deren Richtigkeit. Allein der Gedanke daran, dass Sie morgen bei der Präsentation versagen könnten, veranlasst Ihren Organismus dazu, so zu reagieren, als wäre diese Vorstellung real.

Gerade bei solchen schwierigen Gedanken, die Stress auslösen und diesen immer wieder anheizen, ist es sinnvoll, sich zu fragen, ob der Gedanke hilfreich ist, ob er mich dabei unterstützt, ein zufriedenes und glückliches Leben zu führen. Wenn die Antwort darauf negativ ausfällt, können Sie sich mit einer Übung aus der Akzeptanz- und Commitment-Therapie behelfen.[4] Mithilfe dieser Übung geben wir die Identifikation mit dem jeweiligen Gedanken auf.

ACHTSAMKEITSÜBUNG

Identifikation mit Gedanken aufgeben

Eine Anleitung als Audio-Datei finden Sie auf unserer Homepage unter www.achtsamkeit-at-work.com/Audios. Wir laden Sie ein zu einer angeleiteten Übung, um die Identifikation mit Gedanken loszulassen.

Schließen Sie Ihre Augen und nehmen Sie drei tiefe Atemzüge. Spüren Sie den Körper als Ganzes und wie der Atem kommt und geht.

Rufen Sie sich einen unangenehmen Gedanken, der immer wieder auftaucht, in Ihr Bewusstsein, z. B. »Ich muss perfekt sein« oder »Ich bin nicht gut genug« oder wie auch immer Ihr unangenehmer Gedanke heißt. Lassen Sie sich einen Moment Zeit, diesen Gedanken zu finden. Konzentrieren Sie sich auf den Gedanken und glauben Sie für die nächsten Momente so fest wie möglich an

---

4   Vgl. Russ Harris, Wer dem Glück hinterherrennt, läuft daran vorbei, München 2013. Die **Akzeptanz- und Commitment-Therapie** (ACT) ist eine neuere Form der Psychotherapie, bei der klassische verhaltenstherapeutische Techniken mit achtsamkeits- und akzeptanzbasierten Strategien kombiniert werden.

ihn. Spüren Sie Ihren Körper und die Empfindungen, die dabei auftauchen.

Als Nächstes nehmen Sie den Gedanken und setzen Sie den Satz: »Ich habe den Gedanken, dass ich ...« davor, und wiederholen Sie diesen neuen Satz innerlich für die nächsten Momente. »Ich habe den Gedanken, dass ich ...«

Wie fühlt sich das in Ihrem Körper an? Hat sich etwas verändert?

Setzen Sie nun einen weiteren Satz voran: »Ich bemerke, dass ich den Gedanken habe, dass ich ...«. Wiederholen Sie diesen neuen Satz innerlich für die nächsten Momente. »Ich bemerke, dass ich den Gedanken habe, dass ich ...«.

Beobachten Sie die möglichen Veränderungen. Wie fühlt sich das im Körper an und in Ihrem Geist, dem unangenehmen Gedanken auf diese Weise zu begegnen?

Spüren Sie den Körper als Ganzes und nehmen Sie zum Abschluss der Übung drei tiefe Atemzüge.

Was haben Sie erlebt? Sie haben vermutlich festgestellt, dass die vorangestellten Sätze einen gewissen Abstand zu Ihrem Satz bewirkt haben, dass seine Wirkung deutlich abgeschwächt war. Wenn Sie in Ihren Körper hineingespürt haben, haben Sie vielleicht bemerkt, dass das Gefühl von Anspannung und Enge nachgelassen hat.

Es kann beim Aufkommen schwieriger Gedanken unterstützend wirken, sich klarzumachen, dass selbst schmerzliche Gedanken keine Bedrohung sind und ein Gedanke nur ein Gedanke ist. Auf diese Weise üben wir uns darin, die Identifikation mit Gedanken aufzugeben. Wir kämpfen nicht mehr gegen den Gedanken, wir lassen ihn entstehen, wir identifizieren uns aber nicht mehr damit und lassen ihn wieder gehen.

Schwierige Gefühle einladen

»Schwierige Gefühle einladen? Ich lade doch meine Angst, meine Hilflosigkeit, meine Trauer nicht auch noch ein. Ich bin froh, wenn ich sie los bin!« Das ist häufig unsere Strategie, mit schwierigen Gefühlen umzugehen: Wir wollen sie loswerden, wir möchten glücklich sein, ja, es sieht so aus, als sei unser ganzes Leben darauf ausgerichtet, unangenehme Gefühle zu vermeiden und angenehme zu maximieren. Das ist vergleichbar mit dem Wunsch, es möge doch bitte immer nur die Sonne scheinen. Sobald es regnet, sind wir schlecht gelaunt. Ein offener und annehmender Umgang mit allen Gefühlen, auch den unangenehmen, trägt jedoch wesentlich zu unserer körperlichen und psychischen Gesundheit bei. Denn zum Leben gehören nun mal Sonne und Regen, Helligkeit und Dunkelheit, Freude und Trauer. Sobald wir gelernt haben, beide Seiten zu akzeptieren, anstatt die unangenehme Seite permanent zu bekämpfen, machen wir uns das Leben deutlich leichter und sparen viel Energie.

Gefühle entstehen nicht im luftleeren Raum, sie haben stets Auslöser in Form von Sinneswahrnehmungen oder Gedanken oder einer Kombination aus beidem. Auch wenn ein Gefühl scheinbar aus dem Nichts kommt, ist ihm ein Auslöser vorangegangen, wenn auch jenseits unserer bewussten Wahrnehmung. Das kann ein Geruch oder Geschmack, ein Geräusch, ein Bild, ein Mensch, eine Berührung sein, also all jenes, das wir bewusst oder unbewusst mit unseren Sinnen erfassen.

Gemeinsam mit dem Gefühl steigen Körperempfindungen auf, zum Beispiel Spannungen, Enge oder Druck an bestimmten Körperstellen. Angenehme Gefühle gehen mit angenehmen Körperempfindungen einher und umgekehrt, unangenehme Gefühle mit unangenehmen Körperempfindungen. Gewöhnlich ist der Umgang mit unseren Gefühlen reaktiv. Die Reaktion ist simpel und einleuchtend: Wir bemühen uns – bewusst oder unbewusst – darum, angenehme Gefühl zu verspüren, zu intensivieren und zu erhalten sowie unangenehme Gefühle zu vermeiden und loszuwerden. Das erste und häufigste Mittel der Wahl ist der automatische Gedanke – erst dann folgen das gesprochene Wort und die Handlung. Das Denken repräsentiert dabei den Versuch, die momentane Erfahrung in Richtung positiver Gefühle zu verschieben, und ist so Ausdruck des Widerstands gegen die *tatsächliche* Erfahrung. Hinter jedem automatischen Gedanken verbirgt sich die Haltung: »Ich will es anders haben.«

Gefühle, auch die unangenehmen, gehören jedoch zu unserer genetischen Grundausstattung und beeinflussen unser Leben und Überleben. Die Fürsorge und Liebe gegenüber einem Kind lässt uns uns um das Kind kümmern, es versorgen und ihm Wärme geben, damit es sich entwickeln und wachsen kann, physisch wie psychisch. Die Furcht, überfahren zu werden, sorgt dafür, dass wir uns vor dem Überqueren einer Straße vergewissern, dass wir sie gefahrlos überqueren können. Trauer hat die Funktion, etwas loslassen zu können, einen Verlust zu verarbeiten, ganz gleich, ob es beispielsweise der Verlust eines Menschen, eines Lebenszieles oder der Gesundheit ist.

Neben der Ablenkung von solchen schwierigen Gefühlen gehört zu unseren Mechanismen, dass wir uns oder jemand anderem die Schuld für diese Gefühle geben, dass wir uns abreagieren, indem wir beispielsweise jemanden anschreien,

Türen knallen oder zwanghafte Gedanken entwickeln. Viele emotionale Störungen entstehen insbesondere aus einer solchen Vermeidungshaltung. Ganz gleich, ob es sich um das Festhalten angenehmer und das Vermeiden unangenehmer Gefühle handelt: Wir wollen uns nicht mit der Wirklichkeit, mit dem gegenwärtigen Moment auseinandersetzen. Im Gegenteil, wir möchten die Wirklichkeit kontrollieren und manipulieren. Wir wollen sie anders haben, als sie ist. Wir kämpfen dagegen an. Immer dann, wenn wir kämpfen, verengt sich jedoch unser Fokus, wir werden eng im Geist und eng im Körper. Dieser ständige Kampf macht uns hart.

Auch wenn es vordergründig zu gelingen scheint, durch reaktive Gedanken, Worte und Taten Einfluss auf unser Befinden zu nehmen, ist dies selten von bleibendem Erfolg: Ein Gedanke, der Sicherheit gibt oder Aggression entlädt, muss im Geist immer wieder reproduziert werden, um ein Gefühl der Angst oder Wut abzuschwächen. Auf diese Weise begeben wir uns in einen Zustand des inneren Ungleichgewichts. Je mehr wir kämpfen, desto größer wird das Ungleichgewicht und umso mehr stabilisieren wir das unangenehme Gefühl.

Doch glücklicherweise gibt es eine Alternative zum Verdrängen und Ablehnen von unangenehmen Gefühlen: Wir müssen unseren Gefühlen mit Achtsamkeit begegnen. Dadurch, dass wir lernen, sie bewusst wahrzunehmen und mit ihnen zu sein, so wie sie sind. Wir treten so aus unseren Reaktionsmustern heraus, erleben mehr Abstand zu unseren Gefühlen und schaffen inneren Freiraum. Es ist hilfreich zu akzeptieren, dass es schon schwierig genug ist, achtsam zu sein in *Ab*wesenheit schwieriger Gefühle. Präsent, gelassen, annehmend und freundlich in *An*wesenheit derselben zu sein, ist ein Kunststück, das vor allem eines erfordert: geduldiges Üben – während der Meditation und im Alltag. Dabei erkennen wir, dass das Problem nicht die Gefühle sind, sondern vielmehr die Art und Weise, wie wir mit den Gefühlen umgehen. Schwierige Gefühle wie Wut, Trauer, Einsamkeit, Angst oder Verzweiflung tauchen mit großer Regelmäßigkeit in unserem Leben auf. Sie richten sich dabei nicht nach unseren Wünschen und Vorlieben – wenn das so wäre, schwämmen wir alle im Glück. Machen wir uns bewusst, dass wir das Unangenehme nicht vermeiden können. Machen wir es uns nicht schwer, indem wir uns anspannen und gegen das, was ist, pausenlos ankämpfen.

Wenn wir ihnen mit Achtsamkeit begegnen statt mit Widerstand, erkennen wir, dass diese Gefühle viel weniger Macht haben, als wir ihnen zuschreiben. Die Achtsamkeitspraxis lehrt uns, diese Verantwortung für uns zu übernehmen. Wenn wir unseren Widerstand gegenüber dem schwierigen Gefühl loslassen können, wird die Situation erträglicher, selbst wenn das Unangenehme bestehen bleibt – entscheidend ist, dass wir unsere *Beziehung* dazu verändert haben! Wir haben einen inneren Rückzugsort geschaffen und gelernt, auf eine heilsame Weise mit der Situation umzugehen, ganz im Hier und Jetzt.

Das Annehmen der Situation ist nicht gleichzusetzen mit Resignation und Stillstand. Das Annehmen für sich selbst stellt bereits eine fundamentale Veränderung dar. Offenheit und Akzeptanz gegenüber allen Gefühlen ist sogar die beste Voraussetzung dafür, dass sie sich langfristig in die von uns gewünschte Richtung verändern. Annehmen bezieht sich vor allem auf unsere inneren Zustände. Es ist sinnvoll, schwierige Gefühle anzunehmen. Das schränkt jedoch nicht unsere Handlungsfähigkeit ein, sollten die Umstände das erfordern. Wenn wir Achtsamkeit üben, sind wir zunehmend in der Lage, den Raum zwischen Reiz und Reaktion zu erkennen und uns aus einer inneren Freiheit heraus für Worte oder Handlungen zu entscheiden, mit denen wir auch Grenzen setzen und Nein sagen können.

Wenn im Alltag schwierige Gefühle auftauchen, sind die folgenden Schritte hilfreich:

- **Innehalten:** Atem spüren.
- **Lokalisieren:** Wo genau nehme ich das Gefühl im Körper wahr und was spüre ich?
- **Akzeptieren:** Was immer es ist, ich erlaube mir, es zu spüren, es da sein zu lassen, es zu beobachten.
- **Benennen:** Da ist Ärger, da ist Angst, da ist Wut, ohne sich damit zu identifizieren.

Wenn ein Gefühl sehr intensiv wird, kehren Sie zum Atem zurück, der einen sicheren Anker darstellt, und beginnen Sie von Neuem, wenn Sie bereit dazu sind.

Wenn wir auf diese Weise mit dem Gefühl umgehen, die körperlichen Empfindungen wahrnehmen und beobachten, dann werden wir feststellen, dass dem Gefühl die Spitze genommen wird, dass es abnimmt, ja sogar verschwindet.

ACHTSAMKEITSÜBUNG

Gefühle einladen

Eine Anleitung als Audio-Datei finden Sie auf unserer Homepage unter www.achtsamkeit-at-work.com/Audios. Wir laden Sie ein zu einer angeleiteten Meditation, um Gefühle willkommen zu heißen.

- Nehmen Sie eine aufrechte und bequeme Position ein. Spüren Sie Ihren Körper als Ganzes und nehmen Sie den Kontakt des Körpers mit der Unterlage wahr.

- Lenken Sie Ihre Aufmerksamkeit ganz bewusst auf den Atem und spüren Sie das Kommen und Gehen des Atems von Moment zu Moment.
- Nun rufen Sie sich ein schwieriges Gefühl, das Ihnen immer wieder begegnet, ins Bewusstsein. Nicht das schlimmste, aber eines, das Sie gut kennen. Das kann z. B. Eifersucht, Ärger, Angst oder Hilflosigkeit sein.
- Nehmen Sie sich einen Moment Zeit, sich dieses Gefühl zu vergegenwärtigen und ihm einen Namen zu geben.
- Als Nächstes schauen Sie einmal, in welchen Situationen es auftaucht?
  Gibt es immer wieder bestimmte Auslöser, bestimmte Anlässe, in denen dieses Gefühl auftaucht?
- Und dann erinnern Sie sich an eine spezielle Situation, in der das Gefühl zutage trat.
- Nehmen Sie innerlich noch einmal Kontakt mit der Situation auf, was sehen, hören Sie und was fühlen Sie?
- Das Gefühl, wie fühlt es sich körperlich an?
- Gehen Sie mit Ihrer Aufmerksamkeit durch den Körper und spüren Sie, wo Sie vielleicht Enge, Druck, Anspannung oder andere Empfindungen zeigen, um diese näher zu untersuchen.
- Bleiben Sie ganz bei der körperlichen Erfahrung und erforschen Sie, wie sich dieses Gefühl im Körper anfühlt.
- Sollten Sie sich von dem Gefühl überschwemmt fühlen, kommen Sie zurück zum Atem. Nehmen Sie erst wieder Kontakt auf, wenn Sie bereit dazu sind.
- Und dann vergegenwärtigen Sie sich, welche Gedanken von diesem Gefühl ausgelöst werden.

Erlauben Sie ihnen, da zu sein, und beobachten Sie die Gedanken einfach nur, ohne sie zu bewerten – nur wahrnehmen, neugierig und offen.

- Und dann schauen Sie einmal, wie Sie in der Situation, an die Sie sich gerade erinnern, mit dem Gefühl umgegangen sind.
- Haben Sie es abgelehnt, verdrängt, bagatellisiert, dramatisiert?
- Haben Sie sich selbst abgelehnt?
- Haben Sie sich selbst oder anderen die Schuld für das schwierige Gefühl gegeben?
- Einfach nur wahrnehmen, beobachten, ohne sie zu bewerten.
- Wenn Sie bereit sind, wenden Sie sich dem Gefühl zu, um ihm zwei Fragen zu stellen.
- Lassen Sie sich Zeit, um die Antworten spontan aus Ihrem Inneren aufsteigen zu lassen.
- Zuerst fragen Sie sich: Was ist eigentlich das Schlimmste an diesem Gefühl?
- Die zweite Frage: Wenn das Gefühl sprechen könnte, was würde es Ihnen sagen?
- Spüren Sie auch die körperlichen Empfindungen, die jetzt da sind. Und fragen Sie Ihren Körper, was jetzt gut für ihn wäre, was er jetzt braucht, während das Gefühl da ist.
- Und nun lade ich Sie ein, sich auf eine neue Weise dem Gefühl zuzuwenden:
- Wie fühlt es sich körperlich an, wenn Sie anstatt meine Eifersucht, mein Ärger, meine Angst oder ich bin eifersüchtig, ich ärgere mich, ich habe Angst oder wie immer Ihr Gefühl auch heißt ... sagen: da ist Eifersucht, da ist Ärger, da ist Angst.

- Erlauben Sie sich, ganz bei der Erfahrung zu bleiben, um die möglichen Veränderungen in Ihrem Körper wahrzunehmen, die entstehen, wenn Sie sich auf diese Weise Ihrem Gefühl zuwenden, wenn Sie die Identifikation mit dem Gefühl aufgeben.
- Dann lassen Sie alle Bilder, Gedanken und Gefühle wieder gehen und spüren Sie den Atem, wie der Atem kommt und geht, kommt und geht und wie er den Körper sanft bewegt.

Wir erleben, dass wir das Entstehen von Gedanken und Gefühlen nicht kontrollieren können. Wir haben jedoch die Freiheit zu handeln, wenn wir bewusst wahrnehmen, beobachten und Raum für Wahlmöglichkeiten im Hinblick auf unsere Reaktion entstehen lassen. Wenn wir uns von allen Gefühlen, so unangenehm sie auch sein mögen, wirklich berühren lassen, ohne zurückzuschrecken, dann lassen wir auch zu, dass wir weicher werden, dass wir uns selbst näherkommen und uns so akzeptieren, wie wir sind.

Und noch etwas Wesentliches passiert: Wir erkennen beim Durchbrechen des Reiz-Reaktions-Mechanismus, dass unserem vordergründigen Verhalten mehr zugrunde liegt. Wir bemerken, dass sich hinter der Wut vielleicht Angst verbirgt, dass hinter Ablehnung eventuell Trauer steckt. Durch die eigene Achtsamkeitspraxis wurde einer der Autorinnen bewusst, dass in einer beruflichen Mobbingsituation vor einigen Jahren hinter der vorgelagerten Ohnmacht und Hilflosigkeit auch Traurigkeit und letzten Endes Angst vorlag und das Gefühl »nicht gewollt sein« und »nicht sein dürfen«. Durch dieses Erkennen, was wirklich dahinter steckt und wo es herkommt, werden wir uns selbst gegenüber und auch unseren Mitmenschen gegenüber großzügiger. Durch das Wahrnehmen, Akzeptieren und Untersuchen von auftauchenden Gefühlen erleben wir, dass hinter einem vordergründigen Verhalten oftmals mehr steckt, als wir direkt sehen und hören können. Wir werden gelassener im Umgang mit uns selbst und gelassener im Umgang mit anderen.

Der persische Mystiker Rumi drückt den gesunden Umgang mit Gefühlen in seinem Gedicht »Das Gasthaus« sehr treffend aus:

Das Gasthaus

Das menschliche Dasein ist ein Gasthaus.
Jeden Morgen ein neuer Gast.
Freude, Depression und Niedertracht –
auch ein kurzer Moment von Achtsamkeit
kommt als unverhoffter Besucher.
Begrüße und bewirte sie alle!
Selbst wenn es eine Schar von Sorgen ist,
die gewaltsam dein Haus
seiner Möbel entledigt,
selbst dann behandle jeden Gast ehrenvoll.
Vielleicht reinigt er dich ja
für neue Wonnen.
Dem dunklen Gedanken, der Scham, der Bosheit –
begegne ihnen lachend an der Tür
und lade sie zu dir ein.
Sei dankbar für jeden, der kommt,
denn alle sind zu deiner Führung
geschickt worden aus einer anderen Welt.

Rumi

Wenn wir auf die oben dargelegte Weise uns selbst mit Achtsamkeit erfahren, uns unseren Gedanken und Gefühlen
zuwenden, dann erfahren wir, dass wir eine unglaubliche
Macht haben – die Macht, uns zu verändern, und zwar nur
uns. Nicht unseren Partner, den Chef, den Kollegen, den Mitarbeiter. Die Achtsamkeit hilft uns zu erkennen, dass nicht
sie oder unsere Eltern oder wer auch immer für unser Leben
verantwortlich sind, sondern wir ganz alleine. Wir können
uns verändern, wir können wachsen und die Mauern und
Barrieren, die wir um uns herum aufgebaut haben, nach und
nach abtragen, um zu werden, wer wir schon immer waren
und wem wir vielleicht zum ersten Mal wirklich ins Gesicht
schauen, ohne Maske, ohne Wunschvorstellungen, ganz offen und ehrlich.

Selbstmanagement – Anregungen für einen achtsamen Arbeitsalltag

Durch die oben beschriebenen Übungen zur bewussten
Wahrnehmung, zur mitfühlenden Akzeptanz und Annahme
von allem und der daraus veränderten Wirkung, dem daraus
veränderten Verhalten, wird sich Ihr Leben ändern, werden
Sie Ihren Arbeitsalltag anders empfinden und gestalten. Nach
und nach lernen Sie Ihre eigenen Muster und Reaktionen besser kennen und auch die Ihrer Kollegen und Mitarbeiter.

Wenn du es eilig hast, gehe langsam.

Lothar J. Seiwert

Lassen Sie ab sofort die alte Routine hinter sich und wählen
Sie täglich eine Übung aus, die Sie am meisten anspricht. Je

mehr Sie diese Übungen in Ihren Alltag integrieren, desto ruhiger und konzentrierter werden Sie.

ACHTSAMKEITSÜBUNGEN

Für Ihren Arbeitsalltag

Achtsamkeit am Morgen zu Hause

- Üben Sie sich in den ersten Wochen nach dem Aufwachen und vor dem Aufstehen in der »Drei-Momente-Betrachtung«:
- Nehmen Sie wahr, wie Sie gerade liegen, wo Ihr Körper Kontakt hat, wie sich Ihr Körper anfühlt, wo Sie Körperempfindungen wie Kälte, Wärme, Weichheit, Angespanntheit, Taubheit, Kribbeln etc. spüren.
- Nehmen Sie wahr, wie Sie sich gerade fühlen, wie Ihr Gemütszustand ist.
- Beobachten Sie ein paar Atemzüge lang Ihren Atem.
- Nach und nach weiten Sie diese bewusste Betrachtung dessen, was gerade ist, auf einen längeren Zeitraum von fünf bis 30 Minuten aus, indem Sie sich einfach still hinsetzen und ganz bei sich selbst sind.

Achtsamkeit auf dem Weg zur Arbeit

- Erleben Sie die Kostbarkeit jedes einzelnen Schrittes! Spüren Sie ganz bewusst den Unterschied des Untergrundes, auf dem Sie gehen! Ist er weich oder hart, eben oder uneben? Bleiben Sie mit Ihrer Aufmerksamkeit ganz bei Ihrer Erfahrung! Beobachten Sie einfach, was passiert, wenn Sie ganz bewusst Schritt für Schritt gehen, ohne dies zu bewerten oder zu kommentieren!

- Auf dem Weg zur Arbeit, etwa im Auto, sind Sie weiter ganz bewusst beim Körper. Lassen Sie daher das Autoradio ausgeschaltet. Nehmen sie die Spannungen im Körper wahr, zum Beispiel verkrampfte Hände am Lenkrad, hochgezogene Schultern, angespannter Magen etc. Erlauben Sie diesen Spannungen, sich zu lösen. Wie fühlt es sich an, entspannt zur Arbeit zu fahren?
- Nutzen Sie die Zeit an einer roten Ampel, um Ihren Atem wahrzunehmen, ebenso die Bäume, den Himmel oder Ihre Gedanken in diesem Moment.

Achtsamkeit am Arbeitsplatz

- Nehmen Sie sich einen Moment Zeit, um wirklich anzukommen. Während z. B. der PC hochfährt oder Sie sonst Ihren Arbeitsplatz einrichten, nutzen Sie die Zeit für ein paar bewusste Schlucke Tee oder Kaffee oder für ein bewusstes Stretching am Schreibtisch.
- Üben Sie es, achtsam den Blick zu weiten. Erleben Sie Wechsel zwischen Fokussierung und Weite. Richten Sie Ihre Aufmerksamkeit weg von dem, was direkt vor Ihnen ist oder von Ihrem Gegenüber, auf den Raum drum herum. Stellen Sie sich vor, Sie beobachteten mit einem Weitwinkelobjektiv den ganzen Raum. Anschließend nehmen Sie wieder das, was direkt vor Ihnen ist, wahr und spüren diesen Wechsel.

Achtsamkeit zwischendurch

- Seien Sie so oft es geht in Ihrer körperlichen Wahrnehmung und entlassen Sie unnötige Anspannung beim Ausatmen aus Ihrem Körper. Wenn das Telefon klingelt, nehmen Sie beispielsweise erst beim dritten Klingeln ab und atmen vorher tief ein und aus. Machen Sie Minipausen, um sich wirklich zu entspannen. Schauen Sie aus dem Fenster, beobachten Sie die Wolken am Himmel, nehmen Sie die Geräusche um sich herum wahr.

Achtsamkeit in der Mittagspause

- Es ist hilfreich, wenn Sie für die Mittagspause die Umgebung wechseln können. Machen Sie einen kurzen Spaziergang, um Abstand von Ihren Aufgaben zu bekommen und sich mental zu stärken. Sprechen Sie mit Menschen, die Ihnen nahestehen, über Themen, die nicht mit der Arbeit zusammenhängen. Probieren Sie es, ein- bis zweimal in der Woche Ihr Mittagessen schweigend einzunehmen und dabei ganz bewusst mit allen Sinnen das Essen zu schmecken. Nach dem Essen: Wenn Sie ein eigenes Büro haben, schließen Sie die Tür für eine Weile und entspannen Sie sich ganz bewusst.

Achtsamkeit beim Ein-bis-Drei-Minuten-Stopp

- Legen Sie jede Stunde einen »Stopp« von einer bis drei Minuten ein und werden Sie sich dabei Ihres Atems und Ihrer Körperwahrnehmungen bewusst. Erlauben Sie Ihrem Geist während dieser Zeit der Innenschau, sich zu beruhigen.

Achtsamkeit auf dem Weg nach Hause

- Spüren Sie beim Verlassen Ihrer Arbeitsstelle die kühle oder warme Luft draußen. Nehmen Sie die Geräusche wahr. Gehen Sie, ohne sich getrieben zu fühlen. Was geschieht, wenn Sie langsamer werden?
- Halten Sie kurz Rückschau. Für heute haben Sie genug getan! Alles, was noch offen ist, haben Sie bereits auf der Agenda für den nächsten Tag stehen. Nehmen Sie ganz bewusst die Fahrt nach Hause wahr. Die Umgebung, sich selbst, Ihren Körper. Nehmen Sie

sich diese Momente, um bewusst den Wechsel von der Arbeit zu Ihrem Zuhause zu vollziehen.

Achtsamkeit beim Ankommen zu Hause

- Wie die meisten Menschen begeben Sie sich in die nächste Vollzeitbeschäftigung – Ihr Zuhause. Wenn Sie dort angekommen sind, nehmen Sie sich einen Augenblick, um sich bewusst auf das Zuhausesein (mit Ihrer Familie oder allein) einzustimmen. Legen Sie Ihre Arbeitskleidung ab. Das erleichtert es Ihnen, in Ihre Rolle als Privatperson zu schlüpfen. Begrüßen Sie alle Mitglieder Ihrer Familie. Wenn Sie Kinder haben, schenken Sie ihnen Ihre volle Aufmerksamkeit und seien Sie ganz bei dem, was Ihre Kinder Ihnen mit leuchtenden Augen vom Tag berichten. Schaffen Sie sich anschließend nach Möglichkeit fünf bis zehn Minuten, um still und ruhig zu sein. Wenn Sie allein leben, nehmen Sie die Stille der Wohnung wahr und das Gefühl, in Ihre Umgebung einzutreten.

Zeit für sich

- Wenn Sie das Glück haben, bekocht zu werden, sprechen Sie mit Ihrem Partner ab, dass Sie sich zurückziehen und währenddessen einen Body Scan oder eine Atemmeditation machen können. Im Gegenzug hat Ihr Partner die Gelegenheit zum Rückzug für eine kleine Auszeit, während Sie den Abwasch erledigen und aufräumen. Lassen Sie den Tag ruhig ausklingen, mit schöner Musik oder einem kleinen Abendrundgang an der frischen Luft. Das ist sehr viel entspannender und gesünder als der unreflektierte Fernsehkonsum.

Kapitel 3: Achtsamkeit und ihre Auswirkungen auf unsere Arbeitskultur und die tägliche Zusammenarbeit

Einer der größten Nutzen von Achtsamkeit im Arbeitsalltag ist es, dass in Ihrem täglichen Miteinander eine Kultur von Freude, Wertschätzung, Achtung, Respekt und Zugehörigkeit wächst. Nicht nur, dass Sie sich selbst mehr annehmen, wie Sie sind, sondern auch Ihre Kollegen, Mitarbeiter, Chefs und Kunden so sein lassen und damit erheblich zu einem guten Arbeitsklima beitragen. Konflikte entstehen oft gar nicht mehr, da aufgrund der Achtsamkeit eine deutlich wertschätzendere Kommunikation an den Tag gelegt wird. Durch eine vertrauensvollere Zusammenarbeit, bei der jeder das Gefühl hat, wichtig zu sein, ein wertvoller Teil des Teams, des Unternehmens zu sein, entsteht Zugehörigkeit und Freude bei der Arbeit. Wie dieser Prozess verläuft, wie Sie dahin kommen und welchen Anteil die Achtsamkeit dabei hat, das zeigt Ihnen dieses Kapitel.

»Ich bin o. k.!« – Achtsamer Umgang mit sich selbst

Das Projekt ist mal wieder nicht schnell genug fertig geworden oder das Ergebnis wird Ihren eigenen Ansprüchen nicht gerecht? Sie haben das Meeting in Ihren Augen nicht gut genug vorbereitet und die Kollegen scheinen Sie auch abzulehnen. Selten sind wir zufrieden mit uns, oft sind wir selbst unser schärfster Kritiker. Warum liegt das Augenmerk so oft auf dem, was nicht funktioniert? Warum meinen wir, nicht liebenswert zu sein? Viele von uns erleben es von klein auf, dass unsere Fehler und das, was wir nicht gut gemacht haben oder nicht können, im Fokus stehen. Wir sprachen bereits weiter oben von dieser Defizitkultur. Daran wird unser Wert bemessen. Entsprechend war die positive Zuwendung der Eltern davon abhängig, ob wir etwas »gut« gemacht haben, ob wir funktioniert haben.

Auch unser gesellschaftliches Umfeld suggeriert uns den Mangel, den es gilt auszugleichen. Wir sollen schlank und schön sein, möglichst jung, gesund und dynamisch rüberkommen, erfolgreich im Beruf sein und eine glückliche Familie haben.

Nur wenn wir etwas leisten, stark erscheinen, flexibel und schnell sind, werden wir anerkannt. Es gilt, auf der Karriereleiter voranzukommen, flexibel auf Veränderungen zu reagieren, jederzeit überzeugend und souverän zu agieren, abends gut gelaunt nach Hause zu kommen, mit den Kindern zu spielen, noch schnell die Hausaufgaben zu kontrollieren und einen entspannten Abend mit dem Partner zu verbringen. Selbstverständlich managen die Frauen darüber hinaus noch leichtfüßig das Zuhause, erziehen selbstbewusst die Kinder und pflegen fröhlich die sozialen Kontakte. Das alles in perfekter Erscheinung und mit einem strahlenden Lächeln im Gesicht! Für all das hat die Werbung die passenden Produkte parat.

Die Realität sieht häufig anders aus. Oder schaffen Sie all das »mit links«? Meistens hasten wir durchs Leben, haben morgens schon den Kopf voll mit allem, was am Tag erledigt werden muss. Die Kinder müssen zum Kindergarten oder in die Schule gebracht werden, dann geht es weiter zur Arbeit. Dort hetzen wir von einem Termin zum nächsten und zurück zum vollen Schreibtisch, nicht selten wird abends noch zu Hause weitergearbeitet. Der Tag könnte 48 Stunden haben und es würde noch immer nicht reichen. Zeit ist Mangelware. Und erst, wenn die Arbeit erledigt ist, kommt das Vergnügen. Doch die Arbeit scheint nie erledigt zu sein. Wir funktionieren im Job und in der Familie, manchmal viele, viele Jahre, ohne dass uns bewusst ist, dass etwas grundlegend schiefläuft in unserem Leben. Wir leben wie in Trance. Wo sind unsere Träume geblieben? Wo ist Zeit für uns, unseren Partner, unsere Kinder?

Oft wachen wir erst auf aus dieser Trance, wenn etwas passiert, das das Fass zum Überlaufen bringt. Ein Burn-out, eine Krankheit, das Zerbrechen der Beziehung ... Erst dann begreifen wir, dass wir lange schon im Ungleichgewicht gelebt haben.

Doch was ist es eigentlich, was uns so aus der Balance bringt, was uns von uns selbst abschneidet?

Es sind unsere Vorstellungen darüber, wie wir sein sollten, am besten perfekt in allen Lebenslagen, stark im Erreichen sämtlicher selbst- und fremdgesetzter Ziele, und das alles in einem harmonischen Umfeld.

Es sind nicht die anderen, nicht die Kinder, auch nicht die Arbeit, nicht der Partner. Sicher haben solche äußeren Faktoren einen Anteil und funktionieren als Auslöser. Den größten Anteil haben jedoch wir selbst und unsere inneren Kritiker.

Obwohl wir inzwischen erwachsen sind, drücken wir auf diese Weise unsere Loyalität gegenüber frühen Bezugspersonen aus, von denen uns diese Überzeugungen mitgegeben wurden. Welche Glaubenssätze sind das, die solch einen großen Einfluss auf uns haben? Die wichtigsten stellen wir Ihnen hier vor:

- »Sei perfekt!«
  Dieser Glaubenssatz sagt uns: Mach alles, was du tust, so
  gut wie möglich – auch wenn es nicht wirklich wichtig ist.
  Sei erst mit dem Besten zufrieden, und weil man selbst
  das Beste noch ein bisschen besser machen kann, sei nie
  zufrieden, schon gar nicht mit dir selbst.
  Menschen, bei denen dieser Antreiber am stärksten
  ausgeprägt ist, dürfen sich einen der folgenden Sätze als
  Leitspruch wählen:
  Auch ich darf Fehler machen! Gut ist gut genug.
- »Beeil dich!«
  Dieser Glaubenssatz meint: Mach alles, was du tust,
  so schnell wie möglich! Am besten noch ein bisschen
  schneller. Auch wenn die Sache gar nicht eilig ist – es
  gibt immer viel zu tun!
  Menschen, bei denen dieser Antreiber am stärksten
  ausgeprägt ist, dürfen sich einen der folgenden Sätze als
  Leitspruch wählen:
  Ich darf mir Zeit lassen. In der Ruhe liegt die Kraft. Das
  Gras wächst nicht schneller, wenn man daran zieht.
- »Streng dich an!«
  Dieser Glaubenssatz lässt sich wie folgt umschreiben: Gib
  stets deine ganze Kraft – der Erfolg ist zweitrangig! Und
  hör erst dann auf, dich anzustrengen, wenn du völlig am
  Ende bist. Mach es dir auf gar keinen Fall leicht.
  Menschen, bei denen dieser Antreiber am stärksten
  ausgeprägt ist, dürfen sich einen der folgenden Sätze als
  Leitspruch wählen:
  Ich darf es mir leicht machen. Ich arbeite lieber intelligent
  als hart. Ich bin auch ohne harte Leistung etwas wert.
- »Vielharmoniker«
  Dieser Glaubenssatz bedeutet: Denk an dich zuletzt,
  wenn überhaupt! Nimm dich nicht wichtig! Die

Ansprüche der anderen sind immer wichtiger als die eigenen. Erst die anderen, dann du selbst.
Menschen, bei denen dieser Antreiber am stärksten ausgeprägt ist, dürfen sich einen der folgenden Sätze als Leitspruch wählen:
Meine Bedürfnisse sind mindestens so wichtig wie die der anderen. Ich bin der wichtigste Mensch in meinem Leben. Ich kann für andere nur da sein, wenn es mir selbst gut geht.

■ »Sei stark!«
Dieser Glaubenssatz beeinflusst uns auf folgende Weise: Zeige keine Gefühle, denn Gefühle sind ein Zeichen von Schwäche – also empfinde am besten gar keine.
Menschen, bei denen dieser Antreiber am stärksten ausgeprägt ist, dürfen sich einen der folgenden Sätze als Leitspruch wählen:
Ich darf wahrnehmen und zeigen, wie mir zumute ist.
Ich darf Gefühle zeigen. Ich muss nicht immer funktionieren, ich darf auch mal schwach sein.

Wir kommen wieder in Balance, wenn wir beginnen zu begreifen, woher diese inneren Muster, Glaubenssätze und Antreiber stammen, wenn wir sie bewusst wahrnehmen und erkennen, dass wir ihnen nicht weiterhin ausgeliefert sein müssen und sie ersetzen können.

Sei freundlich zu dir. Sei freundlich zu dir.
Du bist vielleicht nicht vollkommen, aber du
hast nichts anderes, womit du arbeiten kannst.
Der Prozess, des Werdens, wer du sein wirst,
beginnt mit der totalen Annahme dessen,
der du bist.

Henepola Gunaratana

Dafür braucht es viel Achtsamkeit und Geduld, denn diese alten Muster und Glaubenssätze sind schon viele Jahre, wenn nicht Jahrzehnte ein Teil von uns.

Es handelt sich um einen Prozess des »Sich-Annehmens«, so wie ich bin, bis ich zu mir selbst sage: »Ich bin o. k.!«

»Du bist o. k.!« – Achtsamer Umgang mit dem Chef, Kollegen und Mitarbeitern

Die langwierigsten Kämpfe, die zudem viel Kraft kosten, uns wütend machen und frustrieren und aus denen wir meistens als Verlierer hervorgehen, sind die, in denen wir andere Menschen verändern wollen. Wie schön könnte die Arbeit sein, wenn da nicht dieser perfektionistische Chef wäre, der an allem, was man macht, etwas auszusetzen hat und immer besser weiß, wie es geht. Oder der geschwätzige Kollege, der seinen Aufgaben hinterherhinkt und ständig mit blöden Witzen nervt.

Selten sind wir mit anderen und ihren Verhaltensweisen wirklich zufrieden. Unsere Meinungen und Überzeugungen sind die richtigen. Was wir von uns selbst erwarten, erwarten wir auch von anderen. Sie sollen uns besser wahrnehmen, zugewandter sein, sich mehr kümmern, sich mehr einsetzen, sich mehr anstrengen, präziser, verlässlicher, schneller sein. Aber ist nicht das, was wir an anderen kritisieren und gern ändern würden, das, was wir an uns selbst nicht mögen? Oft braucht es ein wenig Selbstbeobachtung, bis wir erkennen, dass wir das, was wir an uns nicht mögen, auf andere projizieren.

Das Ergebnis ist ein permanentes Zerren am anderen. Ein ständiger Kampf gegen die Realität: Wir haben eine Vorstellung davon, wie unser Chef, unser Kollege sein sollte, und

schon geht der Veränderungskampf los. Wenn unsere Erwartungen nicht erfüllt werden, sind wir enttäuscht, und der
andere ist unsicher und verärgert, dass er es einem nie recht
machen kann.

Das Herbeisehnen dessen, was wir uns wünschen, und das
Davonlaufen vor dem, was ist, lässt uns nie konkret im Jetzt
sein. Dieser Spagat zwischen Soll- und Ist-Zustand bereitet
uns Stress. Denn der Wunsch bleibt unerreichbar. Wir können den anderen nicht ändern. Er ist, wie er ist. So wie wir
sind, wie wir sind. Und wer sind wir eigentlich, zu glauben,
dass wir das Recht hätten, den anderen zu ändern? Versuchen wir stattdessen, den anderen so sein zu lassen, wie er ist,
kommen wir in Frieden zueinander. Und auch in Frieden mit
uns selbst, da wir unsere Energie produktiver einsetzen können. Je eher wir damit anfangen, für uns und unsere Umwelt
Verständnis zu entwickeln, desto eher entsteht Gelassenheit,
Mitgefühl, Akzeptanz anstelle von Streit und Kampf.

»Ich bin o. k. – Du bist o. k.!«

Wenn wir beginnen, uns selbst anzunehmen und auch den
anderen anzunehmen, wie er ist, nähern wir uns der Gleich-
wertposition: »Ich bin o. k., du bist o. k.«.

Dieser Satz stammt aus der von Eric Berne entwickelten
Transaktionsanalyse. Die Transaktionsanalyse beruht auf
Beobachtungen der Beziehung zwischen inneren Prozessen
und zwischenmenschlicher Kommunikation.

Berne fand heraus, dass wir in der Kommunikation mit
anderen zwischen verschiedenen Zuständen wechseln. Er-
kennbar ist das beispielsweise an Wortwahl, Tonfall und auch
am Inhalt dessen, was wir sagen, sowie an unserer Mimik,
Gestik und Körpersprache. Die verschiedenen Haltungen,

die aus den unterschiedlichen »Zuständen« entstehen, lassen sich wie folgt darstellen:

»Ich bin ok, Du bist ok« *Akzeptanz* »Wir sind gleich viel wert«	»Ich bin ok, Du bist nicht ok« *Kontrolle* »Ich bin mehr wert als du«
»Ich bin nicht ok, Du bist ok« *Anpassung* »Ich bin weniger wert als du«	»Ich bin ok, Du bist nicht ok« *Kontrolle* »Wir sind beide wertlos«

Ihnen wird beim Anblick dieses Schaubildes sicher schnell klar sein, wie wichtig es ist, mit Ihrem Gesprächspartner eine gleichwertige Position auf Augenhöhe einzunehmen – ganz gleich, in welchem Lebensbereich. Dennoch sind den meisten Menschen diese wechselnden Positionen nicht bewusst. Die gute Nachricht: Wir können unsere Haltung und die daraus resultierenden verschiedenen Positionen verändern! Was dazu notwendig ist, ist ein gutes Maß an Selbstreflexion und Bewusstheit. Und dabei hilft uns erneut die Praxis der Achtsamkeit!

Insbesondere bei dauerhaften Konflikten lohnt sich ein Blick auf die zwischenmenschlichen Transaktionen und gegebenenfalls die Anpassung der eigenen Haltung. Wenn wir das erreichen und uns selbst in unserer ganzen Unvollkommenheit annehmen (jemand anderen bekommen wir nicht), dann fällt es uns auch deutlich leichter, andere in ihrer Unvollkommenheit anzunehmen (auch hier bekommen wir niemand anderen).

Dann entscheiden wir uns für das grundsätzliche Gutsein in uns selbst und im anderen, das hinter Ängsten verborgen ist. Ängste rufen Schutz- und Abwehrmechanismen hervor, die sich beispielsweise in Arroganz (»Komm mir bloß nicht zu nahe!«), in Wut (»Bevor du mich verletzt, verletze ich dich.«), Kontrollverhalten (»Wenn ich nicht aufpasse, passiert ein Unglück.«), Passivität (»Bloß keine Entscheidung treffen, sie könnte ja falsch sein.«) zeigen – Verhaltensweisen, für die wir uns selbst und andere verurteilen.

Nehmen wir uns selbst so an, wie wir sind, und behandeln wir den anderen so, als wäre er der, der er sein könnte, dann geben wir uns und ihm die Chance, zu wachsen. Das nennt man Wertschätzung. Wertschätzung für uns, so, wie wir geworden sind, und Wertschätzung für andere, so, wie sie geworden sind. Wenn wir damit beginnen, für uns und andere Wertschätzung zu entwickeln, dann entstehen Gelassenheit, Akzeptanz und Mitgefühl, mit uns und gleichzeitig auch mit anderen. Anstelle von Streit und Kampf treten Verständnis und Mitgefühl.

ACHTSAMKEITSÜBUNG

Verbunden-Sein

Eine Anleitung als Audio-Datei finden Sie auf unserer Homepage unter www.achtsamkeit-at-work.com/Audios. Wir laden Sie ein zu einer angeleiteten Meditation, um sich mit einem anderen Menschen zu verbinden.

Nehmen Sie eine aufrechte Sitzposition ein und spüren Sie Ihren Körper als Ganzes. Den Kontakt mit dem Stuhl, der Unterlage und der Füße mit dem Boden wahrnehmen. Spüren Sie Ihren Atem, der kommt und geht. Jeden Atemzug. Kommen Sie in dieser Haltung verbunden mit Ihrem Körper und dem Atem mehr und mehr bei sich an. Lassen Sie vor Ihrem inneren Auge ein Bild entstehen von dem Menschen, dem Sie sich auf eine andere Weise zuwenden möchten, hören Sie ihn, spüren Sie ihn und lassen Sie alle Gefühle und Gedanken, die dabei auftauchen, einfach da sein.

Verbinden Sie sich nun ganz bewusst mit diesem Menschen, um Gemeinsamkeiten zu entdecken. Vielleicht sagen Sie sich innerlich:

»Er oder sie hat genau wie ich einen Körper, hat genau wie ich Gefühle und Gedanken. Dieser Mensch hat gute und schlechte Eigenschaften – genau wie ich. Dieser Mensch hat Wünsche und Bedürfnisse – genau wie ich. Er oder sie hat in seinem Leben Schönes und auch Leidvolles erfahren – genau wie ich. Dieser Mensch möchte genau wie ich glücklich sein und geliebt werden.« Bleiben Sie für einige Momente bei diesen Gemeinsamkeiten.

Nehmen Sie Kontakt auf mit Ihrem Körper und bringen Sie Ihre Aufmerksamkeit zu Ihrem Herzen. Lassen Sie jetzt einen Lichtstrahl von Ihrem Herzen zu dem Herzen des anderen fließen. Schicken Sie durch diesen Lichtstrahl so viele positive Gefühle und Wohlwollen, wie es Ihnen ohne Anstrengung möglich ist. Wenn es nur ganz zaghaft fließt, dann ist das in Ordnung. Sie beginnen gerade erst, sich dem anderen Menschen auf eine neue Weise zuzuwenden. Vielleicht nehmen Sie eine Veränderung wahr, in Ihrem Körper und in den Gedanken.

Lassen Sie nun diesen Menschen und alle Bilder, Gedanken und Gefühle, die damit einhergehen, wieder in den Hintergrund treten.

Spüren Sie Ihren Atem. Der Atem kommt und geht. Nehmen Sie jeden Atemzug wahr. Beenden Sie nun diese Übung.

© Gerlinde Albrecht und Sabine Fries

Nach einiger Zeit werden Sie vielleicht, auch wenn es sich zu Beginn noch ganz zaghaft anfühlt, sagen: »Du bist o. k.!« Und wie viel entspannter sind unsere zwischenmenschlichen Kontakte doch, wenn wir dann noch einen draufsetzen und aus ganzem Herzen sagen können: »*Ich bin o. k. – Du bist o. k.!*«

Achtsamer Umgang mit Kunden – Auch Kunden sind nur Menschen

In knapp 15-jähriger Tätigkeit in verschiedenen touristischen Unternehmen war eine der gravierendsten Wahrnehmungen die, dass viele Kollegen selten auf das echte Bedürfnis des Kunden schauten, sondern ihre Beratung an

Verträgen von Veranstaltern, Margen und eigenen Interessen orientierten. Der Fokus liegt nur auf dem eigenen Vorteil und dem des Unternehmens und die Beratung orientiert sich ausschließlich daran. Eine ähnliche Beobachtung in 20-jähriger Tätigkeit in Softwareunternehmen war die, dass Softwareentwickler (die nie auf der Kundenseite gesessen haben) auf Kundenanfragen nach neuen Features mit Ablehnung reagierten (»Brauchen Sie nicht!«). Oder dass Anforderungen so kreativ umgesetzt wurden, dass der Kunde nichts damit anfangen konnte und verärgert war.

Wie reagieren Sie auf Ihre Kunden? Sind Sie häufig genervt von deren Wünschen? Sprechen Sie die gleiche Sprache? Und was, wenn nicht? Bekommt Ihr Kunde wirklich das von Ihnen, was er bestellt hat? Welches Ziel verfolgen Sie im Umgang mit Kunden? Gehören Sie zu denen, die einfach etwas verkaufen und Umsatz generieren wollen, weil davon die Höhe der nächsten Provision abhängt? Hauptsache, der Kunde bestellt, am besten die teuerste Variante, und was danach kommt, ist Nebensache? Viele Verkäufer leiden unter Versagensängsten und stehen unter enormen Druck, immer mehr verkaufen zu müssen. Nicht die Beziehung zum Kunden und seine Bedürfnisse stehen im Vordergrund, sondern der Absatz. Wir erleben es täglich, wie viel uns die Werbung verspricht, wie wir manipuliert und getäuscht werden.

Eine ganz einfache Einstellung aus Großmutters Zeiten kann uns im Alltag immer wieder dabei unterstützen, mit anderen achtsam und fair umzugehen: »Was du nicht willst, das man dir tut, das füge keinem anderen zu.« Wenn Sie nicht ganz sicher sind, ob die Art und Weise, wie Sie mit Ihrem Kunden umgehen, in Ordnung ist, stellen Sie sich einfach die Frage: »Möchte ich so behandelt werden, wie ich meinen Kunden oder Geschäftspartner gerade behandle?«

Der Tipp mag simpel anmuten, gleichwohl verhilft diese Einstellung zu Klarheit und Geradlinigkeit. Es ist ein Weg, der nicht in allen Situationen den optimalen Profit erbringt, der aber auf lange Sicht der erfolgreichere ist. Ein Kunde, der schlecht behandelt oder übervorteilt wurde, wird diese Erfahrung im Schnitt mit zwölf anderen Menschen teilen (das haben Untersuchungen gezeigt) und wird sich bei der erstbesten Gelegenheit einen neuen Anbieter suchen.

Nehme ich den Kunden ernst und als Mensch mit Bedürfnissen und Gefühlen wahr und behandle ihn demnach auch so, entsteht eine gelungene Kundenbeziehung. Wenn also beim nächsten Mal ein Kunde anruft und mit einem Produkt unzufrieden ist oder einen Schaden erlitten hat, fragen Sie ihn nicht zuerst nach seiner Kundennummer, sondern hören Sie sich ehrlich interessiert zunächst seine Geschichte an, bevor Sie ihm helfen, das Problem zu lösen. Die Achtsamkeit für Ihre eigenen Gefühle und Gedanken hilft Ihnen übrigens dabei, sich nicht persönlich angegriffen zu fühlen, wenn der Kunde aufgebracht reagiert.

Dem Kunden wirklich zuzuhören, herauszufinden, was er sich wünscht und was er braucht, und das für sein Bedürfnis Passende zu finden, bereichert uns mit Freude. Auch wenn der Aufwand größer ist und die momentane Marge geringer, lohnt es sich oftmals trotzdem, den Kunden wirklich zufriedenzustellen. Ein zufriedener Kunde bringt auf Dauer regelmäßigen Umsatz und eine geringere Reklamationsquote.

Wie wichtig im Umgang mit Kunden die Achtsamkeit und Bewusstheit ist, zeigt sich darin, dass viele Fehlproduktionen oder -lieferungen und viele Missverständnisse letztlich auf Fehler in der Kommunikation zurückzuführen sind. In allen Bereichen unseres Lebens ist eine gute Kommunikation die Basis für ein fruchtbares Miteinander – ganz gleich, ob verbal oder nonverbal.

Achtsame Kommunikation

Die Kaskade der Kommunikation:
- Gedacht ist nicht gesagt.
- Gesagt ist nicht gehört.
- Gehört ist nicht verstanden.
- Verstanden ist nicht einverstanden.
- Einverstanden ist nicht umgesetzt.
- Umgesetzt ist nicht dauerhaft umgesetzt.

Wie funktioniert eine achtsame Kommunikation, bei der wir uns wirklich auf den Kunden einstellen? Was braucht es zum gelingenden Kommunizieren, ganz gleich, ob ein Kunde, ein Chef, mein Kollege oder mein Partner mir gegenübersitzt?

KONTAKT HERSTELLEN. Zunächst einmal ist entscheidend, dass Sie sich Ihrer selbst bewusst und in Kontakt mit sich sind. Wenn Sie morgens mit dem falschen Fuß aufgestanden sind und anschließend ein wichtiges Kundengespräch haben, ist es gut, sich über das eigene Befinden klar zu sein und auf die eigene Befindlichkeit Einfluss zu nehmen, bevor Sie in ein Gespräch gehen. Sich selbst gut wahrzunehmen, bei sich zu sein und zu fühlen, welche Emotion und Stimmung gerade aktiv ist, ist nicht nur für Sie selbst, sondern auch für Ihren Umgang mit anderen sehr hilfreich.

Stimmen Sie sich bei Ihrer Begegnung auf die andere Person ein, stellen Sie Kontakt her und nehmen Sie erst einmal mit allen Sinnen wahr, wie Ihr Gegenüber aussieht, sich anhört und welche Stimmung er oder sie verbreitet. Es gilt sich auf sein Gegenüber »einzutunen«. Offen und präsent zu sein und dem Gegenüber zu signalisieren: »Ich bin bei dir und akzeptiere dich so, wie du bist«, sorgt für eine entspannte und wohltuende Atmosphäre.

ACHTSAM ZUHÖREN. Vertrauen in der Kommunikation kann dann aufkommen, wenn wir dem Gegenüber Raum geben und ihm aufmerksam, neugierig und interessiert zuhören! So wie auch wir Raum haben und uns gehört fühlen möchten! Beim achtsamen Zuhören ist es zudem hilfreich, nicht sofort Ratschläge zu erteilen, besonders dann nicht, wenn sie nicht ausdrücklich erwünscht sind! Wir kommentieren oft schon eine Aussage oder haben unsere Lösung für ein geschildertes Problem parat, ohne den anderen wirklich ausreden zu lassen. Wie wohltuend ist es, wenn jemand einfach einmal ein offenes Ohr für uns hat. Und auch, wenn Sie um Rat gefragt werden, geben Sie Ihrem Gegenüber erst einmal Gelegenheit, zu erzählen. Unterbrechen Sie, verliert der andere womöglich den Faden, hat irgendwann keine Lust mehr zu erzählen und wird Sie das nächste Mal nicht mehr fragen.

WERTSCHÄTZUNG & INTERESSE. Natürlich gehört auch ein wertschätzender und respektvoller Umgang miteinander zu einer gelungenen Kommunikation. Und dabei ist echte Wertschätzung und echtes Interesse am anderen gemeint. Beobachten Sie sich selbst einmal in der zwischenmenschlichen Kommunikation. Wollen Sie immer recht haben, unterbrechen Sie andere oft? Sind Sie wirklich interessiert an Ihrem Gegenüber und dem, was er oder sie zu sagen hat? Überprüfen Sie Ihre Haltung Ihrem Gesprächspartner gegenüber! Die Fähigkeit zur Empathie, dazu, Gedanken, Gefühle und Bedürfnisse meines Gegenübers zu erkennen und mich in die Person einzufühlen, sorgt für eine gelungene Kommunikation: Der andere fühlt sich verstanden und gesehen. Empathie, das »Sich-Einfühlen« in den anderen, können Sie erlernen und üben. Der erste Schritt ist erneut bewusstes Wahrnehmen.

ACHTSAMKEITSÜBUNG

Achtsamer Umgang mit Worten

Worte können verletzen und beleidigen, sie können uns berühren und uns wachsen lassen. Vermeiden Sie harsche und beleidigende Worte. Drücken Sie sich nach Möglichkeit klar, konstruktiv, freundlich und wohlwollend aus. Fragen Sie, wenn Sie etwas nicht verstanden haben oder nicht sicher sind, was Ihr Gegenüber gemeint hat, anstatt zu bewerten. Wenn Sie sich selbst gut wahrnehmen und mit einer Ich-Botschaft von sich sprechen (meine Ansicht ist ..., mein Gefühl ist ..., ich bin der Meinung ..., ...), kann Ihnen diese eigene Sichtweise niemand nehmen. Versuchen Sie so oft es geht, von sich selbst anstatt von »man« zu sprechen. Das Verallgemeinern birgt immer die Gefahr von Konflikten, denn was ist, wenn der andere etwas anders sieht?

AUTHENTISCH SEIN. Seien Sie authentisch! Versuchen Sie nicht, jemand anderes zu sein als der, der Sie sind. Wir alle haben Ecken und Kanten und mit diesen Ecken und Kanten sind wir liebenswerter und nahbarer als beim Einnehmen einer Rolle, die uns nicht entspricht und die möglicherweise wie ein Schutz- oder Abwehrschild wirkt, eben nicht authentisch!

ICH-BOTSCHAFTEN. Sprechen Sie daher auch in Ich-Botschaften, um Konflikte zu vermeiden. Sagen Sie nicht: »Sie haben mich beschuldigt ...« oder: »Du unterstellst mir ...«, denn durch diese Bewertung der Aussage des Gegenübers fühlt sich der andere missverstanden und angegriffen, schaltet in den Verteidigungsmodus um und geht in die Abwehrhaltung: »So habe ich das nicht gesagt/nicht gemeint!« oder: »Das haben Sie völlig falsch verstanden ...« und so weiter. Achtsamer und hilfreicher ist es, nachzufragen: »Habe ich Sie richtig verstanden ...« oder das Gehörte wiederzugeben: »Ich habe gehört ...«, »Mein Eindruck ist ...« Anschließend schildern Sie, was bei Ihnen ankam. So fühlt sich der andere nicht angegriffen und kann problemlos korrigieren, was gesagt oder gemeint war.

STANDPUNKTE AKZEPTIEREN. Die innere Landkarte eines jeden Menschen unterscheidet sich von denen der anderen. Beharren Sie nicht auf der Richtigkeit Ihrer eigenen, sondern akzeptieren Sie, dass alle in ihren unterschiedlichen Ausprägungen ihre Berechtigung haben. Das eröffnet uns eine Fülle an Möglichkeiten und Spielräumen. Und eine neue, erweiterte Sicht auf die Welt. Es bedeutet auch, andere Standpunkte und Ansichten ernst zu nehmen, sie akzeptieren zu lernen und stehen lassen zu können.

Achtsame nonverbale Kommunikation

Unser Körper ist immer ehrlich. Deshalb kann es passieren, wenn wir eine Rolle spielen oder vielleicht sogar einem Kunden die Unwahrheit sagen, dass dieser denkt, »Die Botschaft hör ich wohl, allein mir fehlt der Glaube.«.

Unsere Körperhaltung zeigt, wie wir uns fühlen, und spiegelt unser momentanes Befinden wieder. Wenn wir uns unwohl fühlen oder vielleicht sogar ein schlechtes Gewissen haben, weil wir gerade die Wahrheit verbiegen, verbiegt sich auch unser Körper und sieht angespannt aus. Ihr Gegenüber wird das nicht unbedingt bewusst wahrnehmen. Er wird jedoch ein ungutes Gefühl entwickeln und den Eindruck haben, dass irgendetwas nicht stimmt. Diese Wahrnehmung wird seine Entscheidung, z. B. den Vertrag zu unterschreiben oder mit Ihnen zusammenzuarbeiten, negativ beeinflussen. Je klarer Sie sind im Hinblick auf Ihren Zustand, Ihre Motivation und Ihre Ziele, umso klarer ist Ihre Körperhaltung. Wenn Aussagen und Körperhaltung übereinstimmen, sind Sie authentisch und werden auch so wahrgenommen. Denken Sie daran, dass Ihr Kunde Ihre Stimmung auch am Telefon mitbekommt. Er braucht Sie nicht zu sehen, es reicht schon, Ihre Stimme zu hören. Ein Kunde hat einmal über eine unserer Mitarbeiterinnen gesagt: »Wenn Frau S. anruft, geht bei mir die Sonne auf!« Welch ein Kompliment!

Beobachten Sie sich einmal eine Woche selbst in Ihrer Körpersprache und prüfen Sie die entsprechenden Reaktionen!

Viele unserer Teilnehmer berichten uns von einer deutlich entspannteren Stimmung, nachdem sie sich selbst ein paar Wochen in ihrer Kommunikation bewusst beobachtet und einzelne Bestandteile der achtsamen Kommunikation ausprobiert hatten.

Achtsamkeit für Mitarbeiter – Den Raum zwischen Reiz und Reaktion nutzen

Zur Ruhe kommen

An anderer Stelle haben wir bereits den Begriff des Autopiloten erwähnt. Wir tun etwas, erledigen eine Aufgabe, sind aber mit unseren Gedanken ganz woanders. Handlungsimpulse steuern uns in unserem Tun, ohne dass wir das bewusst wahrnehmen.

Vielleicht kennen Sie das:

- Sie haben einen Berg Arbeit vor sich, Ihr E-Mail-Postfach ist gut gefüllt mit ungelesenen Nachrichten und plötzlich kommt der Drang, im Internet zu surfen und sich abzulenken.
- Sie sind gerade mit einer Aufgabe beschäftigt und erhalten eine SMS oder eine E-Mail. Schon sind Sie abgelenkt von dem, was Sie gerade tun, und wenden sich der Nachricht zu.
- Ehe Sie sich's versehen, ist die Kaffeekanne leer getrunken und der Schokoriegel verspeist – und Sie haben das nicht mal bemerkt.
- Sie schieben ungeliebte Arbeiten immer wieder vor sich her und verlieren den Überblick über Ihre Prioritäten.
- Sie haben sich gerade über Ihren Vorgesetzten oder einen Kollegen geärgert und laden Ihren Frust erst einmal bei Kollegen ab oder blockieren sich innerlich für den Rest des Tages mit diesem Thema.
- Dann ist endlich der Feierabend da, Sie kommen genervt nach Hause und eine Bemerkung Ihres Partners oder die Unordnung im Kinderzimmer löst einen Streit aus.
- Sie sitzen auf dem Sofa, lesen gerade ein Buch, sehen fern oder unterhalten sich mit Ihrem Partner – mit einem Auge auf dem Smartphone, um keine E-Mail zu verpassen, die auch nach Feierabend noch eintrudeln.

Erkennen Sie sich in dem einen oder anderen Punkt wieder?

Die größte Herausforderung in unserer Zeit ist die, fokussiert zu bleiben. Die Aufmerksamkeit für längere Zeit auf eine einzige Sache zu richten, ohne sich immer wieder ablenken zu lassen. Wir sind einer nie da gewesenen Informationsflut ausgeliefert, am Arbeitsplatz wie auch im Privatleben. Allein die Anforderungen am Arbeitsplatz: ständig das

E-Mail-Postfach im Blick haben, jeden Anruf sofort annehmen, das Projekt in Rekordzeit abschließen, das Angebot an
den Kunden innerhalb einer Stunde rausschicken, ein Meeting nach dem anderen vor- und nachbereiten. Haben wir
gerade mit einer Aufgabe begonnen, klingelt das Telefon, ein
Kollege steht in der Tür und hat eine dringende Frage oder
die nächsten E-Mails tauchen im Posteingang auf. Der Gedanke, alles gleichzeitig erledigen zu müssen, liegt da auf der
Hand. Und wir geben ihm oft genug nach, weil wir allen Anforderungen gerecht werden wollen, und der Stress nimmt
zu, wir spüren eine wachsende Unruhe in uns und kommen
irgendwann gar nicht mehr zur Ruhe.

Ivar Reinvang, Neurologe von der Universität Oslo, sagt
dazu: »Unsere Aufmerksamkeit ist eine begrenzte Ressource.
Wir sind einfach nicht in der Lage, zwei Konzentration er-
fordernde Tätigkeiten gleichzeitig zu bewältigen. In der Praxis müssen wir daher immer hin und her springen zwischen
zwei Aufgaben«.[5] Dieses Springen von einer Aufgabe zur anderen erzeugt »Zeitlöcher«, die bewirken, dass die Qualität
der gleichzeitigen Aktivitäten automatisch schlechter wird.

Auf die ungehemmte Reizüberflutung und ständiges Multitasking reagiert der präfrontale Kortex mit erhöhter Aktivität. Dieser befindet sich im vorderen Bereich unseres Gehirns und ist für komplexe Denkvorgänge zuständig. Wenn
wir von einer Tätigkeit zur anderen springen oder uns im
Multitasking-Modus befinden, entsteht im präfrontalen Kortex eine Überbeanspruchung, sodass neuronale Verschal-
tungen nicht mehr richtig funktionieren. Die Fähigkeit zur
Aufmerksamkeit verringert sich signifikant, wir fallen in reflexhafte Verhaltensmuster zurück und die Qualität unserer
Arbeit leidet. Der Körper reagiert mit einer erhöhten Aus-

---

5   Die Welt 8.7.2009

schüttung des Stresshormons Cortisol, das für degenerative Prozesse gerade auch im Gehirn verantwortlich ist.

In wissenschaftlichen Studien konnte nachgewiesen werden, dass Personen, die sehr häufig Multitasking betreiben, mit einer deutlich nachteiligen Wirkung auf ihre Intelligenz rechnen müssen, und zwar im Vergleich zu Marihuana-Rauchern um das Doppelte. Ebenso kostet es doppelt so viel Zeit, zwei parallel durchgeführte Aufgaben zu Ende zu bringen im Vergleich zu aufeinanderfolgenden Aufgaben. Unsere Fähigkeiten mit Blick auf Kreativität, Klarheit und Intelligenz leiden, wenn wir uns von äußeren Anforderungen treiben und unter Druck setzen lassen. Unter Druck reagiert unser Gehirn in Mustern, die das Überleben sichern helfen, die jedoch nicht die Bewältigung von komplexen Aufgaben und Anforderungen begünstigen.

»In der Ruhe liegt die Kraft« – der Spruch, den wir von unseren Großeltern kennen, hat seine Berechtigung gerade im hektischen Arbeitsleben. Sie sind weder schneller und konzentrierter noch kreativer und klarer, wenn Sie all den Reizen und Anforderungen von außen nachgeben und »irgendwie« Ihre Aufgaben abarbeiten.

Peter Bregman[6] berichtet von seinem einwöchigen Versuch, komplett auf Multitasking zu verzichten und bei allen Tätigkeiten mit seiner ganzen Aufmerksamkeit zu bleiben. Seine, natürlich subjektiven, Erfahrungen waren:

- **Es war wunderbar** – Dies ist mir besonders im Kontakt mit meinen Kindern aufgefallen, weil ich ohne den ständigen Blick auf das Smartphone wirklich im Kontakt mit ihnen war.

---

6   Zitat aus: Harvard Business Review, 20. Mai 2010 übersetzt aus dem Englischen von den Autoren

- **Ich habe erhebliche Fortschritte gemacht bei meinen wichtigen Projekten** – Ich habe mich nicht ablenken lassen und bin auch dabei geblieben, wenn es hart wurde, und habe eine Reihe von Durchbrüchen erzielt.
- **Mein Stress hat sich dramatisch reduziert** – Multitasking löst Stress aus, zeigen eine ganze Reihe von Studien. Diese Erfahrung kann ich bestätigen. Es war eine Befreiung, nur bei einer Sache zu sein und nicht mit mehreren Bällen jonglieren zu müssen.
- **Ich habe das Interesse an den Dingen verloren, die mir meine Zeit stehlen** – Ein einstündiges Meeting schien unendlich zu sein. Endlose Diskussionen, die nicht auf den Punkt kamen, habe ich als quälend und als Zeitverschwendung erlebt.
- **Ich hatte enorme Energie für die Dinge, die mir sinnvoll und erfreulich erschienen** – Wenn ich mich mit meiner Frau unterhalten habe, dann ganz in Ruhe. Wenn ich über eine schwierige Frage nachgedacht habe, bin ich dabei geblieben. Nichts anderes hat meine Aufmerksamkeit beansprucht, sodass ich in der Lage war, bei einer Sache zu verweilen.
- **Es gab keine Nachteile** – Ich habe nichts vermisst. Es gab keine unerledigten Projekte. Niemand war frustriert, weil er keine Antwort von mir erhalten hat auf einen Anruf oder eine E-Mail.

Vielleicht sind Sie motiviert nach diesen positiven Erfahrungen mit dem Singletasking, es einmal selbst auszuprobieren. Es muss ja nicht gleich eine ganze Woche sein, beginnen Sie einfach mal mit einem Arbeitstag. Bitte erwarten Sie nicht, dass es sofort funktioniert. Seien Sie geduldig, denn auch hier gilt: »It's a process!«

Doch wie kommen wir überhaupt wieder zur Ruhe? Wie werden wir geduldiger und weiten unsere Fähigkeit aus, konzentriert bei einer Sache zu bleiben? Eine zentrale Übung der Achtsamkeitspraxis, die Meditation, unterstützt Sie dabei, dass in Ihrem ganzen System nach und nach Ruhe und Klarheit einkehren, wenn Sie diese Übung regelmäßig praktizieren.

ACHTSAMKEITSÜBUNG

Atem-Meditation

Eine Anleitung als Audio-Datei finden Sie auf unserer Homepage unter www.achtsamkeit-at-work.com/Audios.

Wir laden Sie ein zu einer angeleiteten Atem-Meditation. Finden Sie eine aufrechte und entspannte Sitzhaltung. Wenn es Sie unterstützt, stellen Sie sich vor, dass Ihr Kopf an der höchsten Stelle von einem Faden sanft nach oben gezogen wird, sodass Ihre Körperhaltung aufrecht ist und die Schultern entspannt nach hinten unten sinken, Ihr Kopf ist gerade und das Kinn zeigt leicht nach unten. Lassen Sie Ihre Hände entspannt auf den Oberschenkeln oder ineinander gelegt im Schoß ruhen. Auf diese Weise strahlt Ihre Sitzhaltung Würde und Klarheit aus.

Spüren Sie den Kontakt Ihres Körpers mit der Unterlage, der Sitzfläche, den Kontakt der Beine oder der Füße mit dem Boden.

Erlauben Sie sich, Ihre Gesichtsmuskeln zu entspannen, den Unterkiefer zu lösen. Wenn Sie möchten, bringen Sie ein Lächeln auf Ihre Lippen und lächeln Sie dabei freundlich in sich hinein.

Wir laden Sie ein, sich mit Ihrem Atem zu verbinden. Spüren Sie, wie der Atem in den Körper hineinströmt und wie er wieder hinaus fließt.

Nehmen Sie sich einen Moment Zeit, die Stelle im Körper zu finden, an der Sie den Atem am besten spüren, vielleicht an den Nasenöffnungen, wo die kühle Luft in den Körper hinein strömt und gewärmt wieder hinaus fließt. Oder im Brustkorb, der sich ausdehnt und wieder zusammensinkt, oder im Bauch, wo die Bauchdecke sich hebt und senkt oder wo immer Sie Ihren Atem ganz lebendig wahrnehmen. Bleiben Sie während der Meditation mit Ihrer Aufmerksamkeit an dieser Stelle.

Seien Sie ganz präsent mit jedem Atemzug, während der vollen Länge der Einatmung, wahrnehmend, wie aus der Einatmung die Ausatmung wird und ganz präsent bleiben während der gesamten Dauer der Ausatmung.

Lassen Sie den Atem kommen und gehen, ohne ihn zu beeinflussen, ohne ihn zu kontrollieren, er fließt ganz von allein.

Wenn Gedanken auftauchen, lassen Sie diese so gut es möglich ist vorbeiziehen, so wie Wolken über den blauen Himmel wandern. Wenn Sie bemerken, dass Ihr Geist auf Wanderschaft geht, kehren Sie sanft und gleichzeitig bestimmt zurück zum Atem. Gehen Sie auf freundliche und gelassene Weise damit um. Es ist normal, dass der Geist abschweift. Entscheidend ist, dass Sie ihn freundlich wieder zurückbringen. Der Atem unterstützt Sie dabei, im Hier und Jetzt zu sein, und bringt Sie immer wieder dahin zurück, von Augenblick zu Augenblick.

Erlauben Sie sich, die Bewegungen Ihres Atems auf eine offene und neugierige Weise wahrzunehmen und dabei alle Empfindungen zu spüren, die jeder Atemzug in Ihrem Körper entstehen lässt.

Es gibt nichts zu tun, nichts zu verändern, einfach nur sein, nur den Atem spüren und immer wieder zurückkommen zum Atem.

Freundlich zurückkommen zum Atem, ganz präsent sein, Atemzug für Atemzug.

Den Atem wahrnehmen, wie er in den Körper hineinströmt und wieder hinaus fließt, von Augenblick zu Augenblick.

Dann weiten Sie Ihre Aufmerksamkeit aus auf den Körper als Ganzes, nehmen Sie wahr, wie Sie hier sitzen, Ihre aufrechte Haltung, und wie der Körper im Kontakt ist mit der Unterlage. Spüren Sie, wie der Atem Ihren Körper sanft bewegt.

Erlauben Sie sich, die Aufmerksamkeit und Achtsamkeit für den Moment mit in Ihren Alltag zu nehmen.

© Gerlinde Albrecht und Sabine Fries

Die Meditation bringt uns in Kontakt mit dem inneren Beobachter. Wir werden bewusster und erweitern unsere Fähigkeit, bewusst wahrzunehmen, welche Gedanken und Handlungsimpulse immer wieder auftauchen. Auch im Alltag merken Sie so schneller, wann der innere Drang entsteht, schnell noch eine E-Mail zu lesen, kurz im Internet zu surfen oder unbedingt eine SMS zu schreiben, obwohl Sie gerade dabei sind, eine komplizierte Aufgabe zu lösen. Sie bemerken, dass sich der Drang auch körperlich manifestiert, etwa als subtile Anspannung oder Unruhe. Dieser Drang ist einer Sucht nicht unähnlich. Wenn wir ihm nachgeben, entsteht kurzfristig Entspannung, bis wir den nächsten Kick suchen.

Die obige Übung des »Nichtstuns« lässt uns solcher geistigen und körperlichen Zustände bewusst werden und darauf achten, wann der Drang wieder auftaucht. Wir können entscheiden, ihm nicht gleich nachzugeben und stattdessen einige tiefe Atemzüge zu nehmen, bis wir die momentane Aufgabe erledigt haben. »Nichtstun« können Sie in vielen Situationen des Alltags anwenden. Immer dann, wenn der Geist unruhig ist und Sie in Ihren Handlungsmöglichkeiten eingeschränkt sind, zum Beispiel im Stau, beim Warten auf Bus oder Bahn, in langweiligen Meetings oder angesichts der unsinnigen Bemerkung Ihres Kollegen am Schreibtisch gegenüber.

Immer dann, wenn wir nichts tun und unseren Atem beobachten, klärt sich der Geist und lässt uns zur Ruhe kommen. Das vegetative Nervensystem kann sich entspannen und wir können nach einer kleinen Pause wieder frisch ans Werk gehen.

Die Herausforderungen annehmen

Ein Arbeitstag beginnt vielleicht schon stressig, weil Sie nach dem Aufwachen bis zur letzten Minute im Bett liegen und sich gehetzt auf den Weg zur Arbeit machen. Weil Sie das Frühstück unterwegs beim Bäcker kaufen und nebenher herunterschlingen. Abgehetzt landen Sie im Büro. Wahrlich kein guter Start in den Tag. Auf viele Faktoren haben wir keinen Einfluss. Bei solchen Faktoren, die Sie verändern können, sollten Sie das jedoch tun, damit Sie entspannt und gut gelaunt im Büro ankommen.

ACHTSAMKEITSÜBUNG

Achtsamer Start in den Tag

Probieren Sie doch mal aus, wie Sie im Büro ankommen, wenn Sie einige der folgenden Übungen in die Tat umsetzen und so Ihren Start in den Tag verändern:

Sie stellen sich den Wecker eine halbe Stunde früher und genießen zu Hause ein gesundes Frühstück, das Smartphone bleibt bis nach dem Frühstück ausgeschaltet.

Auf dem Weg zur Arbeit nehmen Sie das Wetter und die Temperatur wahr, spüren Ihren Körper und den Atem bei jedem Schritt zur Bahn, zum Bus oder zum Auto oder während der Fahrt mit dem Fahrrad.

Wenn die Ampel rot zeigt, nehmen Sie das als willkommene Pause, um den Atem zu spüren. Wenn Sie mit dem Wagen unterwegs sind, schalten Sie das Radio nicht ein, lauschen Sie nach innen.

Im Bus oder der Bahn lassen Sie sich von der Hektik um Sie herum nicht anstecken, hören Sie mit Kopfhörern ruhige Musik oder verschaffen Sie sich Ruhe mit Ohrstöpseln.

Bei der Arbeit angekommen, nehmen Sie die Treppe statt des Fahrstuhls oder steigen zwei Stockwerke früher aus, um ganz bewusst Ihren Körper beim Treppensteigen wahrzunehmen.

Wenn Sie dann im Büro angekommen sind, werden Sie wahrscheinlich feststellen, dass Ihnen ein achtsamer Start in den Tag guttut und Sie sich auch dann, wenn Hektik aufkommt, nicht ganz so leicht aus der Ruhe bringen lassen.

Und wenn Sie sich jetzt fragen: »Und wann soll ich bei all den bewussten Atemzügen und Ritualen meine Arbeit machen?«, dann blättern Sie einfach ein paar Seiten zurück und lesen Sie noch einmal nach, was Hektik, Reizüberflutung und Multitasking mit uns machen.

»Sie haben Post« – Achtsamkeit im E-Mail-Verkehr

Durch die Möglichkeit, E-Mails zu versenden, hat sich die Kommunikationsgeschwindigkeit vervielfacht. Eine Nachricht ist schnell geschrieben, noch schneller klicken wir den »Senden«-Button und schon ist sie weg. Eine Folge dieser Schnelligkeit und Einfachheit im Umgang ist, dass E-Mails Stress verursachen, ganz gleich, ob unser E-Mail-Postfach überläuft oder ob gefühlt zu wenig E-Mails ankommen. Im ersten Fall sind wir gestresst, weil wir nicht wissen, wann wir das alles bearbeiten sollen, im zweiten Fall bekommen wir Angst, nicht mehr wichtig, gefragt und einbezogen zu sein. Was hinsichtlich der E-Mail-Korrespondenz allgemein jedoch zu kurz kommt, ist die Wirkungsweise der E-Mails – die, die wir bekommen, und die, die wir schreiben.

Wenn wir mit jemandem ein persönliches Gespräch führen, nehmen wir mit allen Sinnen auf, was unser Gegenüber sagt. Wir hören die Worte, den Tonfall, registrieren die Lautstärke, nehmen die Mimik und Gestik wahr sowie die Körperhaltung. Dieser Gesamteindruck erleichtert es uns, unseren Gesprächspartner mit seiner verbalen und nonverbalen Botschaft zu verstehen. Und wir interpretieren das Wahrgenommene auf dem Hintergrund unserer Erfahrung. Bei einer E-Mail reduziert sich all das auf die geschriebenen Worte, es fehlt der emotionale Kontext. Es bleibt unserer Interpretation überlassen, wie wir eine E-Mail »lesen«. Je nach unserer momentanen Verfassung interpretieren wir sie ganz unterschiedlich. Möglicherweise fühlen wir uns aufgrund einer Wortwahl gekränkt oder beleidigt, obwohl dem Verfasser nichts ferner lag als das. So können Missverständnisse und Fehlinterpretationen unsere Kontakte erschweren.

Wenn Sie sich bei einer E-Mail nicht sicher sind, welche Botschaft hinter den Worten steckt, oder wenn sie starke Gefühle in Ihnen auslöst, halten sie erst einmal inne und spüren Sie in sich hinein, was an Körperempfindungen, Gefühlen und Gedanken gerade auftaucht. Beobachten Sie das Ganze nur, lassen Sie die Gedanken erst einmal gehen und nehmen Sie einige bewusste Atemzüge. Vermutlich werden Sie feststellen, dass die Wut oder die Angst, die vielleicht durch die E-Mail ausgelöst wurde, abnimmt. Wenn Sie sich nicht sicher sind, was der Absender Ihnen mitteilen möchte, vermeiden Sie es unbedingt, aus der Emotion heraus auf die E-Mail zu antworten. Lassen Sie ein paar Stunden verstreichen oder schlafen Sie eine Nacht darüber, bevor Sie antworten. Oder greifen Sie zum Telefon, rufen Sie den Absender an und klären Sie das Thema.

Wenn Sie selbst eine E-Mail verfassen, führen Sie sich oben genannte Aspekte vor Augen und denken Sie daran, möglichst klar und deutlich zu formulieren, ohne viel Interpretationsmöglichkeiten, und beschränken Sie sich auf die Essenz dessen, was Sie mitteilen möchten!

»Bin ich perfekt genug?« – Achtsamkeit und Perfektionismus
In unseren Kursen und Coachings hören wir immer wieder, wie Teilnehmer darunter leiden, alles perfekt und genau machen zu müssen. Da erzählt der Vertriebsmitarbeiter, dass er die schon fertige Präsentation für den nächsten Tag am Abend zuvor immer wieder durchgeht, hier noch etwas verbessert, dort noch ein wenig anpasst und dann noch einmal alles nach Fehlern durchforstet. Nervös und angespannt nach

einem solchen Abend ist die Nachtruhe entsprechend wenig erholsam.

Die Vorstandssekretärin liest das Protokoll vom letzten Meeting zum x-ten Male durch, sie könnte ja noch eine Kleinigkeit vergessen haben oder es könnte noch ein Fehler zu finden sein. Selbst nachts liegt sie wach im Bett und grübelt darüber nach, ob sie wirklich alles richtig gemacht hat.

Ein weiterer Teilnehmer, ein Geschäftsführer, der lange in der Perfektionismusfalle saß, berichtete, dass er sich irgendwann entschied, nur noch 100 Prozent statt der 150 Prozent abzuliefern. In vielen Situationen reichten sogar nur 80 Prozent Leistung, wie er feststellte. Dennoch fiel ihm das Ganze nicht leicht und seine Angst vor Kritik oder als Versager dazustehen kam immer wieder in ihm hoch. Je mehr er die Erfahrung machte, dass andere überhaupt nicht bemerkten, dass er nur 100 Prozent oder sogar nur 80 Prozent leistete, und je mehr Zeit er gleichzeitig für andere Dinge zur Verfügung hatte, umso mehr konnte er sich schließlich entspannen.

Hinter jedem Perfektionisten steht die Angst, etwas falsch zu machen, kritisiert zu werden oder für unfähig gehalten zu werden. Der Perfektionist will diese Schmach verhindern, ganz gleich, was es an Zeit und Aufwand kostet. Doch irgendwann stößt er an seine Grenzen, zeitlich wie psychisch.

Wenn Sie auch den Antreiber »Ich muss perfekt sein« kennen, dann experimentieren Sie doch einmal damit, von Zeit zu Zeit nicht perfekt zu sein. Sagen Sie sich den Satz »Ich muss nicht immer perfekt sein« innerlich vor. Beobachten Sie, ob Ihr Chef oder Ihre Chefin oder die Kollegen das überhaupt bemerken. Und wenn es nicht auffällt, dann erlauben Sie sich auch mal, zufrieden mit sich zu sein, indem Sie sich sagen: »Ich bin vollkommen in Ordnung, auch wenn ich nicht perfekt bin!«

»Die anderen sind schuld!« – Achtsamkeit und die Opferrolle

Dieser Satz »Die anderen sind schuld« geht relativ leicht über die Lippen und er bewahrt einen davor, sich mit sich selbst auseinandersetzen zu müssen. Die Opferrolle ist weitverbreitet: Immer dann, wenn die Beziehung in die Brüche gegangen ist, eine Freundschaft in Feindschaft endet, der Job gewechselt wird, sind es die anderen, an denen wir etwas auszusetzen haben, die Schuld sind an der Misere und die sich ändern müssen, damit etwas besser wird. Hinter der Opferrolle steckt die Überzeugung, dass der Grund für unsere Probleme im Außen liegt. An den Umständen, am Leben, an anderen Menschen, und dass sich alles ändern wird, wenn wir erst den richtigen Partner oder den Traumjob gefunden haben.

Doch spätestens dann, wenn in der neuen Beziehung mit der Zeit die gleichen Probleme auftauchen wie in den vorherigen, wenn eine weitere Freundschaft unschön endet oder sich auch nach mehrfachem Jobwechsel keine Zufriedenheit bei der Arbeit einstellen will, ist es an der Zeit, einmal genauer hinzusehen – nicht bei den anderen, sondern bei sich selbst. Wenn wir dann im stillen Kämmerlein wirklich ehrlich sind mit uns, dann werden wir feststellen, dass wir unsere Art, die Dinge wahrzunehmen, zu denken, zu bewerten, unsere Ängste und all unsere Gewohnheitsmuster in jede neue Beziehung, in jede Freundschaft und an jeden neuen Arbeitsplatz mitnehmen. Dann wird uns bewusst, dass wir nicht vor uns selbst weglaufen können und uns überall hin mitnehmen.

Achtsam mit sich selbst zu sein bedeutet, hinzuschauen und ganz ungeschminkt alle Seiten an mir wahrzunehmen. Es ist nicht immer angenehm, sich dem zuzuwenden, was wir bislang erfolgreich ignoriert oder vor uns und anderen verborgen haben. Doch wenn wir uns mutig uns selbst zuwenden, ist das der erste Schritt zur Veränderung. Je besser wir uns kennen und unsere Reaktionen auf bestimmte Verhaltensweisen von anderen Menschen, auf Situationen und Ereignisse, umso erfolgreicher können wir mit anderen Menschen kommunizieren, zusammen leben und arbeiten.

Erleben Sie es hin und wieder, dass Sie als abweisend oder sogar arrogant wahrgenommen werden? Dann lohnt es sich, einmal nach den Gründen zu suchen, warum Sie sich möglicherweise distanzieren und niemanden an sich ranlassen. Vielleicht schlummert hinter der vermeintlichen Arroganz und Distanz die Angst, verletzt oder enttäuscht zu werden, und der Wunsch, sich zu schützen. Wenn Sie das nächste Mal eine vertraute unangenehme Situation erleben, in der Ihr erster Impuls die Schuldzuweisung an andere und das »Sich-Verschließen« ist, dann wenden Sie sich genau dieser Situation und Ihrer Reaktion zu.
Dabei ist es hilfreich,

- sich an die eigene reflexhafte Reaktion zu erinnern, daran, was Sie getan oder gesagt haben,
- zu beobachten, wie Ihr Körper reagiert hat, welche Gefühle und Gedanken aufgetaucht sind und wie Sie die Situation bewertet haben,
- die Situation aus einer neutralen Position zu betrachten und zu überlegen, wie ein unbeteiligter neutraler Beobachter die Situation oder das Ereignis beschreiben würde.

Nutzen Sie unterstützend die Achtsamkeitsübung »Gefühle einladen«, die wir Ihnen weiter oben vorgestellt haben, um die Situation und Ihre Reaktion darauf genauer zu beleuchten. Stellen Sie sich in diesem Zusammenhang auch einmal die Frage: »Wie wäre ich, wenn ich diesen Gedanken nicht hätte? Wie ginge es mir und wie würde ich mich fühlen?«

Das Hinschauen auf das, was tatsächlich war, und das Erkennen, welche Reaktion mit welchem Gewohnheitsmuster bei uns ausgelöst wurde, ist ein Akt der Heilung von genau diesen alten und uns beschränkenden Mustern. In der Opferrolle sind wir abhängig von äußeren Faktoren, gefangen in unseren Bewertungen, dass die anderen schuld sind, wenn es uns nicht gut geht. Sind wir dagegen achtsam, arbeiten wir mit dem, was wir vorfinden, mit den Umständen, die da sind, auch wenn das unangenehm ist. Wir fliehen nicht in Schuldzuweisungen und Vorstellungen, wie es sein sollte. Wir stellen uns der Realität und nutzen unsere Energien. Das ist das Wesen der Achtsamkeit.

Der Weg aus der Opferrolle ist nicht leicht, doch die Erfahrung, die Sie machen, wenn Sie mehr und mehr die Verantwortung für sich und Ihr Verhalten übernehmen, wird Sie inspirieren und Sie unterstützen, immer wieder den nächsten Schritt zu gehen. Die Opferrolle zu verlassen, bedeutet freier zu sein, unabhängiger von äußeren Ereignissen.

»Wenn bloß nicht dieser Kollege wäre!« – Achtsamkeit und Miteinander

Mal ganz ehrlich, wenn Sie die Reihe Ihrer Kollegen durchgehen, dann gibt es darunter vermutlich den einen oder anderen, den Sie nicht mögen, der Ihnen das Leben schwer macht, mit dem Sie niemals einer Meinung sind und auf den Sie verzichten könnten.

Schwelen am Arbeitsplatz ungelöste Konflikte, dann wirkt sich das häufig auf unser Befinden und unsere Motivation aus. Viele Menschen gehen mit Bauchschmerzen zur Arbeit. Sonntagabends verspüren sie eine innere Anspannung und Unruhe, weil am Montag eine neue Arbeitswoche beginnt, samt Konflikten im Büro, die negativ auf die Stimmung schlagen. Erschwerend kommt hinzu: Je länger wir einen Konflikt schwelen lassen, ohne den Versuch zu unternehmen, ihn zu lösen, desto mehr verfestigen sich die Fronten und desto unwahrscheinlicher ist es, eine Lösung herbeizuführen.

Wie wir bereits gesehen haben, eignet sich die Opferrolle nicht, um Konflikte zu lösen. Sie zementiert diese eher. Doch auch die Täterrolle führt nicht zum Erfolg. Denn in der Täterrolle will ich meine Wut abreagieren, es dem anderen heimzahlen, ihm eine Lektion erteilen, ihn demütigen oder bloßstellen. Vielleicht gibt mir das kurzfristig Schwung, weil die Anspannung nachgelassen hat, aber wie sieht die Beziehung zum anderen anschließend aus und wie fühle ich mich auf Dauer danach?

Was können wir tun, um Konflikte am Arbeitsplatz zu lösen? Wenn schwierige Gedanken und Impulse auftauchen und wir mehr und mehr darin geübt sind, unsere Körpersignale wahrzunehmen, können wir, statt ihnen nachzugeben, innehalten. Wir können unseren Atem spüren und dabei den Raum zwischen Reiz und Reaktion erkennen, der uns die Freiheit gibt, zu entscheiden, wie wir handeln wollen.

Die folgende Achtsamkeitsübung unterstützt Sie dabei, Ihre Perspektive zu erweitern, gedanklich den Platz des anderen einzunehmen und sich mit den Augen des Kollegen, mit dem Sie einen Konflikt haben, zu betrachten.

ACHTSAMKEITSÜBUNG

Die Perspektive erweitern

Stellen Sie zwei Stühle einander gegenüber. Setzen Sie sich zuerst auf »Ihren« Stuhl und lassen Sie die Konfliktsituation vor Ihrem inneren Auge entstehen, hören und spüren Sie sie.

Wenn Sie sich mit der Situation vertraut gemacht und diese einige Momente wahrgenommen haben, wechseln Sie auf den anderen Stuhl und betrachten Sie sich mit den Augen Ihres Kollegen.

Wie mag Ihr Kollege Sie wahrnehmen? Welche Gedanken und Gefühle hat er, wie fühlt er sich körperlich. Lassen Sie sich Zeit, in die Haut Ihres Kollegen zu schlüpfen.

Setzen Sie sich dann wieder auf den eigenen Stuhl und beobachten Sie, was sich verändert hat. Was nehmen Sie jetzt wahr, körperlich, mental, welche Gefühle werden Ihnen bewusst? Mit welchen Augen sehen Sie jetzt den Kollegen, nachdem Sie seine Perspektive eingenommen haben?

Haben Sie gemerkt, wie diese Übung Ihre Perspektive erweitert und Verständnis für den anderen weckt? Vielleicht haben Sie gespürt, dass auch der Kollege unter der Situation leidet. Vielleicht erleichtert der Perspektivwechsel es Ihnen sogar, auf den Kollegen zuzugehen, um den Konflikt zu bereinigen.

Eine wirksame Methode, um Konflikte zu lösen, bei der beide Seiten gewinnen, sind die vier Schritte der gewaltfreien Kommunikation nach Marshall Rosenberg:

1. Schritt – Wahrnehmen
Schildern Sie die Situation, die für Sie den Konflikt ausgelöst hat, ohne zu bewerten, wie ein neutraler Beobachter.
Beispiel: »Gestern im Meeting hast du gesagt, das Ergebnis des Vertriebsprojekts, das ich zu verantworten habe, sei vollkommen daneben.«

2. Schritt – Gefühle äußern

Die Bemerkung hat bei Ihnen Gefühle ausgelöst, die auf dem Hintergrund Ihrer Lebensgeschichte entstehen und für die Sie die Verantwortung übernehmen. Sagen Sie offen und ehrlich, was die Bemerkung in Ihnen ausgelöst hat.

Beispiel: »Deine Bemerkung hat mich richtig geärgert. Ich habe einen Druck im Magen gespürt und mein ganzer Körper hat sich angespannt. Ich fühlte mich auch beschämt, weil ich gute Arbeit abliefern möchte.«

3. Schritt – Bedürfnisse erkennen

Hinter jedem schwierigen Gefühl steht ein unerfülltes Bedürfnis. In diesem Fall ist das Bedürfnis nach Respekt und Anerkennung, was Ärger und ein Gefühl von Scham ausgelöst hat.

Beispiel: »Mir ist es wichtig, dass wir in unserer Zusammenarbeit respektvoll und fair miteinander umgehen und meine Kompetenz im Team auch gesehen und gewürdigt wird.«

4. Schritt – Bitte äußern

Formulieren Sie eine Bitte an Ihr Gegenüber, die beinhaltet, was der andere tun kann, damit Ihre Bedürfnisse erfüllt sind. Dabei ist es wichtig, dass die Bitte positiv formuliert und möglichst konkret ist.

Beispiel: »Ich wünsche mir in unserer Zusammenarbeit, dass du Kritik an meiner Arbeit zuerst in einem Vieraugengespräch mit mir klärst und wir gemeinsam nach einer Lösung suchen. Ich bitte dich, Kritik konstruktiv und wertschätzend zu äußern.«

Auf diese Weise schlagen wir keine Türen zu, wir öffnen sie und geben uns und unserem Gegenüber die Chance, einen Konflikt wirklich zu lösen. Das ist zu Beginn nicht ganz leicht, auch wenn es sich einfach liest. Aus eigener Erfahrung wissen wir, dass dafür immer wieder der gute Kontakt zu uns selbst und die grundsätzliche Wertschätzung der anderen Person nötig sind. Besonders dann, wenn die Gräben tief sind und es zu Verletzungen auf beiden Seiten gekommen ist. Ein Schritt aufeinander zu oder eine ausgestreckte Hand können wirklich Wunder wirken, wenn wir es ernst meinen mit einer Annäherung.

»Dieses Ziel muss ich unbedingt erreichen!« – Achtsamkeit und das Streben nach Zielen

Wir wollen alles perfekt haben, den perfekten Job, den perfekten Partner, das perfekte Haus, perfekte Kinder, ein perfektes Privatleben, Einfluss und Anerkennung. Dafür ackern wir, machen Überstunden, quälen uns im Fitnessstudio, betreiben auf allen Ebenen Networking, verschulden uns – weil wir glauben, erst glücklich zu sein, wenn wir die gesteckten Ziele erreicht haben. Unsere To-do-Listen werden lang und länger und wir sind enttäuscht und deprimiert, wenn wir nicht schaffen, was wir uns vorgenommen haben.

Die starre Fixierung auf ein Ziel lässt uns den momentanen Zustand als unzureichend, als unglücklich erscheinen. Die Parole »Augen zu und durch«, damit wir irgendwann unser Ziel erreichen und das Glück, das daraus entsteht, unser Leben bereichert, lässt uns am Leben vorbeilaufen, lässt uns unachtsam sein. Und wenn Sie einmal in sich gehen und sich die erreichten Ziele vor Augen führen, für die Sie geschuftet, sich abgeplagt haben, werden Sie möglicherweise feststellen, dass das Glück nur kurz aufblitzte und Sie schon das nächste Ziel angepeilt haben.

Warum wollen wir bestimmte Ziele erreichen, warum sind uns materieller Besitz, Karriere und Einfluss, ein perfekter Körper, die perfekte Familie so wichtig. Sind das überhaupt

Ziele, die aus unserem Innersten kommen? Oder handelt es sich um Ziele, die wir von unseren Eltern, unserem sozialen Umfeld, der Werbung als allein selig machend vorgegaukelt bekommen, nach dem Motto: »Hast du was, bist du was«?

Das verbissene Verfolgen von Zielen lässt uns wie mit Scheuklappen durchs Leben gehen, wir sehen nicht mehr, was rechts und links von uns stattfindet. Auf diese Weise verpassen wir Chancen und Möglichkeiten, die uns vielleicht viel zuträglicher sind und viel mehr dem entsprechen, was uns tief im Inneren wirklich wichtig ist. Ein klassisches Beispiel für die Scheuklappenperspektive sind Menschen, die um ihrer Karriere willen kaum Zeit für ihre Familie hatten, häufig Männer, und später bedauern, dass der Kontakt zu den Kindern dadurch gelitten hat oder die Beziehung in die Brüche gegangen ist.

Prüfen Sie doch einmal im stillen Kämmerlein, was Ihr Leben wirklich bereichert, was wirklich essenziell ist, wer Sie sind und was bleibt, wenn der Firmenwagen, der Job, die Kreditkarte, das Haus, das Bankkonto, die teuren Schuhe und der schicke Anzug nicht mehr zu Ihrem Leben gehören. Hierbei geht es nicht darum, alle Ziele über Bord zu werfen, sondern vielmehr darum, immer wieder zu prüfen, ob ein Ziel meinen inneren Werten entspricht und dem dienlich ist, was meinem Leben einen höheren Sinn gibt. Oft sind Gefühle von Unzufriedenheit und Angespanntheit ein Indiz dafür, dass wir nicht im Einklang mit unseren inneren Werten leben.

Wenn wir im Kontakt sind mit dem gegenwärtigen Moment, wenn wir unseren Körper wahrnehmen und auf ihn hören, wissen wir meistens sehr schnell, ob das, was wir gerade tun, ob das Ziel, das wir so vehement verfolgen, wirklich dem entspricht, was uns glücklich macht. Ein Ziel zu haben ist letztlich ein Gedanke. Je mehr wir uns von einem

Gedanken vereinnahmen lassen, umso weniger sind wir im gegenwärtigen Moment. Wir sind im Kopf, spinnen unsere Geschichten und halten sie für die Wirklichkeit.

Erlauben Sie sich, Ihren Weg zu gehen. Den Gedanken loszulassen, das Ziel loszulassen und immer wieder zu schauen, was Ihrem Leben wirklich Sinn gibt und was Sie aus sich selbst heraus glücklich sein lässt. Das ist der Weg für ein erfülltes Leben.

> *Wenn du etwas loslässt, bist du etwas glücklicher.*
> *Wenn du viel loslässt, bist du viel glücklicher.*
> *Wenn du ganz loslässt, bist du frei.*
>
> Ajahn Chah

Achtsamkeit für Führungskräfte – Aus der Stille zu Klarheit und Effizienz

Eine Umstrukturierung nach der anderen, Kostenreduktion um jeden Preis, ständige Maßnahmen zur Effizienzsteigerung, starre Fixierung auf Zahlen und Profit – das ist die Situation, die in vielen Unternehmen vorherrscht. Der Aufwand wird immer größer, um noch mehr Wachstum zu realisieren.

Gleichzeitig zeigt die Gallup-Studie 2013, dass 85 Prozent der Arbeitnehmer keine oder eine nur geringe Bindung an ihren Arbeitsplatz haben. Es scheint so, als würden all die von Unternehmen durchgeführten Maßnahmen einen wesentlichen Faktor unberücksichtigt lassen, den Menschen. Der Druck auf Mitarbeiter steigt, Krankheitstage wegen psychischer Probleme haben sich seit 2003 verdoppelt.

Doch was hat das mit Ihnen als Führungskraft zu tun? Lesen Sie dazu zunächst folgende Geschichte:

Ein Mann geht an einem einsamen Strand entlang, die Sonne scheint. Es ist heiß und er entscheidet, sich im Wasser abzukühlen und ein paar Züge zu schwimmen. Das Wasser ist erfrischend und so schwimmt er ein ganzes Stück ins Meer hinaus. Plötzlich stellt er fest, dass er von einer Strömung erfasst wird und weiter auf das Meer hinausgetrieben wird. Er kämpft und kämpft und unternimmt große Anstrengungen, um zurück ans Ufer zu gelangen. Doch ganz gleich, was er auch tut, alle Kraft und aller Wille reichen nicht aus, um aus der Strömung herauszukommen. Eine leise Panik erfasst ihn. Da erinnert er sich daran, einmal gehört zu haben, dass man sich einfach ruhig auf das Wasser legen soll und so aus der Strömung herausgetragen wird. Das tut er und nach einiger Zeit spürt er, dass die Strömung nachlässt. Er schwimmt mit letzter Kraft wieder ans Ufer und lässt sich erschöpft auf den Sand fallen.

Wenn der Stress am größten ist, wenn die Wellen über uns zusammenschlagen, wenn wir nicht mehr wissen, welche der wichtigen Aufgaben wir zuerst erledigen sollen, wenn die unterschiedlichen Erwartungen der Geschäftsleitung, der Mitarbeiter und der Kunden uns zerreiben, dann legen wir noch ein Schippchen drauf, treiben uns noch mehr an und hängen noch zwei Überstunden pro Tag dran.

Ein solches Verhalten ebnet den Weg in den Burn-out. Es ist in keiner Weise geeignet, die Aufgaben und Herausforderungen zu bewältigen, die an Sie als Führungskraft gestellt werden. Im Gegenteil, in einer solchen Situation schaltet das Gehirn auf den reinen Überlebensmodus um. Und genau so verhalten wir uns auch, unser Geist wird eng, wir verlieren den Überblick, sehen überall Gefahren, jegliche Kreativität verschwindet und wir haben eine vollkommen verzerrte Wahrnehmung der Realität. Unser Kampf, die Situation in den Griff zu bekommen, verkehrt sich ins Gegenteil und wir verschlimmern die Situation.

Wenn der Stress am größten ist, ist es hilfreich, innezuhalten, in die Ruhe zu kommen. Schalten Sie Ihren Computer aus, das Smartphone, das Telefon, und setzen Sie sich einfach hin, ohne irgendetwas zu tun, und nehmen Sie eine Wahrnehmungspause.

Das ist nicht leicht, ohne Frage, es ist zu Beginn oft schwerer zu ertragen als der Stress und die Hyperaktivität. Vielleicht spüren Sie erst einmal eine große Unruhe oder auch Ungeduld und Langeweile. Hier ist Selbsterkenntnis angesagt, ohne Maske, Hinschauen mit einem freundlichen Blick.

Selbsterkenntnis

Was Führungskräfte brauchen, ist Klarheit. Klarheit entsteht aus der Stille, aus dem Innehalten, dem Aussteigen aus dem Autopiloten und der Verbindung mit dem gegenwärtigen Moment. Wenn wir mit uns im Kontakt sind, nehmen wir unsere Gedanken, Gefühle, Körperreaktionen und Handlungsimpulse wahr und wissen, wodurch sie ausgelöst wurden. Sich selbst zu beobachten und die eigenen Gewohnheitsmuster zu erkennen ist der Beginn einer Veränderung.

Emotionale Intelligenz nennt sich diese Fähigkeit, sich selbst wahrzunehmen, seine inneren Zustände, Vorlieben, Möglichkeiten und Intuitionen. Wenn Sie als Führungskraft bemerken, dass Ihre Mitarbeiter kaum mit Ihnen reden, selten von allein auf Sie zugehen und in Gesprächen kaum etwas von sich preisgeben, haben Sie zwei Möglichkeiten:

Sie können in die Opferrolle gehen und sich über Ihre Mitarbeiter beklagen, ihnen die Schuld geben, sich ärgern und es die Mitarbeiter spüren lassen. Mit einem solchen Verhalten möchten Sie sich schützen und verhindern, dass Sie in Kontakt kommen mit Ihrer eigenen Weichheit und Verletzlichkeit, weil Sie Angst haben vor dem, was Sie dann sehen, und Angst haben, zu leiden.

Sie können aber auch beginnen, Ihr Verhalten im Kontakt mit Ihren Mitarbeitern bewusst wahrzunehmen: welche Gefühle und Gedanken auftauchen, welche Reaktionen Ihr Körper zeigt und welche Handlungen dadurch ausgelöst werden, die einen vertrauensvollen Kontakt mit Ihren Mitarbeitern verhindern. Vielleicht bemerken Sie dann, dass Sie gar nicht richtig zuhören, schnell bewerten und Ihre eigene Meinung kundtun, anstatt den Mitarbeitern Raum für Ideen und ihre Bedürfnisse zu geben. Und dass Sie ungeduldig sind und ärgerlich werden, wenn jemand nicht sofort auf den Punkt kommt. Erst wenn Sie erkennen, wie Ihr Verhalten auf andere wirkt, können Sie deren Reaktionen verstehen.

Selbstwahrnehmung und Selbsterkenntnis brauchen Mut. Sich selbst erkennen, die eigenen blinden Flecken zu finden und dahinter zu schauen, ist nicht einfach und kann sehr wehtun. Unsere eigenen Schwächen zu erkennen, die Fallen, in die wir immer wieder hineinlaufen, braucht manchmal auch Unterstützung von außen durch einen Coach oder Supervisor. Diese Hilfe in Anspruch zu nehmen ist heute in vielen Unternehmen selbstverständlich und wird Führungskräften immer häufiger angeboten. Es bedeutet keineswegs, schwach zu sein. Im Gegenteil, sich Hilfe zu suchen, wenn Sie an einer bestimmten Stelle selbst nicht weiterkommen, zeugt von Stärke und Selbstbewusstsein.

Selbsterkenntnis braucht Stille und Muße. So wie der Sand in einem Glas Wasser, das Sie aus einem Bach oder

See schöpfen, sich erst absetzt, wenn das Glas still steht, so entsteht auch im Geist erst dann Klarheit, wenn wir uns Zeit für uns nehmen und uns Ruhe gönnen. Achtsamkeit ist eine gute Unterstützung in unserer Selbsterkenntnis, weil wir genau hinschauen, was tatsächlich ist, und unsere Bewertungen, die uns oft in die Opferrolle bringen, erkennen und loslassen können. Wir erkennen unseren eigenen Anteil an problematischen Situationen, entdecken den Raum zwischen Reiz und Reaktion.

Je mehr wir im Alltag achtsam sind und uns automatische Reaktionsmuster, die in bestimmten Situationen immer wieder auftreten, bewusst werden, umso größer wird unsere Freiheit, diese Situationen anders zu bewerten und Handlungsalternativen zu entwickeln.

Dann sind wir mehr und mehr in der Lage, uns selbst zu führen, das Fischen im Trüben hört auf, es entsteht Klarheit, eine Grundvoraussetzung für erfolgreiche Führungskräfte.

> *»Wenn man über jene Art von tiefer Selbsterkenntnis und absoluter Ehrlichkeit gegenüber sich selbst verfügt, die für ein dauerhaftes Selbstvertrauen nötig ist, muss man nichts mehr vor sich verbergen. Sie ist das Ergebnis einer zutreffenden Selbsteinschätzung. Wenn wir uns richtig einschätzen, können wir sowohl unsere größten Stärken als auch unsere größten Schwächen klar und objektiv sehen.«*
>
> Chade-Meng Tan

Doch Selbstwahrnehmung und Selbsterkenntnis sind nur dann heilsam, wenn wir allem, was wir während dieses Prozesses entdecken, mit Freundlichkeit und Wohlwollen begegnen und es als etwas akzeptieren, das zu uns gehört, ganz gleich, ob es angenehm oder unangenehm ist. Ohne Güte bekommt der innere Kritiker eine zu große Macht, wir verfallen in Schuldgefühle und sind deprimiert. Erst unser Wohlwollen macht es möglich, uns für uns selbst zu öffnen, mutig hinzuschauen, nichts auszuschließen und mit dem zu arbeiten, was wir vorfinden.

Selbstregulation

Selbstwahrnehmung und Selbsterkenntnis sind die Voraussetzung für ein weiteres Merkmal von emotionaler Intelligenz, die Selbstregulation. Ganz gleich, ob ich ärgerlich über eine Nachlässigkeit eines Mitarbeiters bin, wütend über den geplatzten Millionenvertrag mit einem Kunden oder voller Angst auf das Rednerpult während einer Konferenz zugehe: Die Fähigkeit, meine Emotionen zu erkennen, zu spüren und zu regulieren, macht eine gute Führungskraft aus. Doch was bedeutet es, mich selbst regulieren zu können?

Unsere Gefühle werden wesentlich hervorgerufen und gesteuert durch unsere sozialen Kontakte. Wir ärgern uns, weil ein Mitarbeiter sein Projekt nicht in der vorgegebenen Zeit fertiggestellt hat, wir sind wütend, weil wir fest mit dem Millionenumsatz gerechnet haben, am Rednerpult haben wir Angst vor den Reaktionen des Publikums. Gerade schwierige Gefühle wie Ärger, Wut oder Angst können dazu führen, dass wir von ihnen überschwemmt werden, beispielsweise einen Mitarbeiter anschreien, einen Kunden verprellen oder einen Blackout bekommen. Ein Verhalten, das uns später leid tut, Vertrauen kostet oder uns peinlich ist.

Oder wir reagieren auf schwierige Gefühle, indem wir sie unterdrücken, wir wollen sie nicht wahrnehmen. Doch die Gefühle verschwinden durch Unterdrückung nicht, sie kommen an anderer Stelle wieder an die Oberfläche oder manifestieren sich in Magenschmerzen, Verspannungen oder Migräne.

Selbstregulation heißt, im Einklang mit seinen Gefühlen zu sein, sie wahrzunehmen, zu akzeptieren, auch wenn, wie der Dichter und Mystiker Rumi es ausdrückt,»es eine Schar von Sorgen ist, die gewaltsam dein Haus seiner Möbel entledigt«. Wir nehmen die Wut und die Angst wahr, spüren sie im Körper und halten inne, um unseren Atem zu spüren, um wieder zurück in den Moment zu kommen und die destruktiven Gedanken gehen zu lassen, die die schwierigen Gefühle begleiten. Schwierige Gefühle sind immer ein Lehrer, oder anders ausgedrückt: Menschen, die schwierige Gefühle in uns auslösen, sind ein perfekter Lehrer.

Wenn ich auf einen Mitarbeiter, der seine Wünsche und Bedürfnisse klar äußert, genervt und ärgerlich reagiere, kann das ein Hinweis darauf sein, dass ich mir diese Fähigkeit auch wünsche. Seine Projektionen zu erkennen und die Verantwortung für seine Gefühle und Handlungsimpulse zu übernehmen und mit ihnen zu arbeiten sowie angemessen zu reagieren, zeichnet eine gute Führungskraft aus. Menschen, die schwierige Gefühle in uns auslösen, lehren uns, genau hinzusehen, und sie zeigen uns in aller Deutlichkeit, wo sich die Baustellen befinden, an denen wir arbeiten, uns weiterentwickeln und wachsen können.

Damit wir jedoch in der Lage sind, diese schwierigen Gefühle und unsere damit verbundenen Handlungen zu erkennen, bedarf es erneut eines achtsamen, bewussten Beobachtens unserer selbst. Wir sind verbunden mit unserem inneren Beobachter und nehmen uns aus der Metaebene wahr. Vielleicht unterstützt Sie in diesem Zusammenhang noch einmal die Achtsamkeitsübung »Gefühle wahrnehmen«.

Führungsverhalten

Als Führungskraft prägen Sie in hohem Maß die Kultur in Ihrer Abteilung und im Unternehmen. Die Art und Weise, wie Sie

- mit Ihrer Gesundheit umgehen,
- auf Probleme und Konflikte reagieren,
- kommunizieren und sich verhalten,
- die Entwicklung der Mitarbeiter fördern,

entscheidet über das Klima, die Motivation und das Ergebnis der Abteilung und des Unternehmens. Studien zeigen, dass Führungskräfte bei einem Wechsel in eine andere Abteilung den Krankenstand mitnehmen, in beide Richtungen. Ein als positiv beurteiltes mitarbeiterorientiertes Führungsverhalten reduziert nachweislich Muskel- und Skelettbeschwerden, Herz-Kreislauf-Beschwerden und Magen-Darm-Beschwerden bei Mitarbeitern. Führungskräfte sind Vorbilder, positiv wie negativ, ob sie das wollen oder nicht. Um auf authentische und ehrliche Weise zu führen und zu leben, braucht es Klarheit und Bewusstheit. Es braucht bewusste Achtsamkeit, eine gute Selbstwahrnehmung und Liebe im Umgang mit Menschen.

Sie können in schwierigen Zeiten den Druck entweder weiter erhöhen (durch enge Kontrollen, knappe Zeitvorgaben, mehr Kritik als Anerkennung, einen arroganten oder aggressiven Tonfall) und damit als Stressor auftreten. Oder Sie können Ressource sein, etwa, indem Sie Anerkennung und fachliche und soziale Unterstützung geben.

Sind Sie als Führungskraft eher Stressor oder Ressource für Ihre Mitarbeiter? Anders gefragt: Verändert sich Ihr Führungsverhalten, wenn Sie selbst im Stress sind? Überprüfen Sie das doch gleich einmal anhand des folgenden Tests. Welcher der gegenübergestellten Aussagen können Sie eher zustimmen?

Wenn Sie im Stress sind, ...

verzichten Sie auf kleine Pausen und Stretchingübungen oder	machen Sie erst Recht kleine Dehn- und Streckübungen, um Ihren Körper zu entspannen?
ist Ihnen Ihre Ernährung dann in solchen Momenten egal und Sie essen entweder gar nichts mehr oder nur Süßigkeiten oder	achten Sie dann nach wie vor auf gesundes Essen?
fällt es Ihnen dann schwerer zu delegieren oder	delegieren Sie dann erst Recht, um sich selbst zu entlasten?
sieht man Ihnen den Stress auch im Gesicht an und Ihre Mimik ist starr und fest oder	atmen Sie durch und haben noch immer ein optimistisches Lächeln im Gesicht?
wird Ihr Ton anderen gegenüber streng, mitunter sogar aggressiv und unfreundlich oder	bleiben Sie dennoch höflich und freundlich?
sind Ihnen Sicherheitsvorschriften in solchen Momenten auch mal egal oder	hat bei Ihnen Sicherheit immer Vorrang?
reißen Sie bereits delegierte Vorgänge gerne wieder an sich oder	vertrauen Sie darauf, dass Ihre Mitarbeiter schon einen guten Job machen?
arbeiten Sie verbissen an Ihrer nicht enden wollenden Liste bzw. dem terminlich dringenden Auftrag oder	behalten Sie dennoch den Überblick und achten weiterhin auf das Wohl Ihrer Mitarbeiter?
Versuchen Sie sich abends Fernsehen und Alkohol abzulenken oder	gönnen Sie sich (und ab und zu Ihrem Team) etwas Gutes?
Kontrollieren und kritisieren Sie Ihre Mitarbeiter verstärkt oder	loben Sie und achten weiterhin auf das Wohl Ihrer Mitarbeiter?

Eine gesunde Kommunikation ist ausschlaggebend für den Erfolg und das Wohlbefinden der Mitarbeiter.

Eine gesunde Kommunikation ist ressourcenorientiert! Sie zielt darauf ab, verborgene Schätze im Mitarbeiter zu entdecken, sodass dieser sich bestmöglich entfalten kann.

Eine gesunde Kommunikation ist darüber hinaus bewusst, achtsam, gewaltfrei und enthält regelmäßiges konstruktives Feedback! Die Kommunikation mit Ihrem Mitarbeiter sollte dessen Selbstwertgefühl stärken und seine Fähigkeiten unterstützen. Beobachten Sie einmal in Gesprächen, wie viel Redeanteil Ihr Mitarbeiter hat und wie hoch Ihr eigener Anteil ist. Wenn Sie etwas von Ihrem Mitarbeiter erfahren möchten und wirkliches Interesse an ihm haben, dann sollten Sie ihn ermuntern, sich zu äußern. Das kann jedoch nur geschehen, wenn Sie sich zurücknehmen und dem anderen Raum geben.

Erfolgreiche Führungskräfte sind in erster Linie Dienstleister ihrer Mitarbeiter und schaffen die Bedingungen dafür, dass ihre Mitarbeiter vertrauensvoll zusammen arbeiten, jeder seine Stärken und sein Know-how einbringen kann und in seinem Selbstvertrauen gestärkt sowie in seiner Kreativität gefördert wird.

Aus eigener Erfahrung und der unserer Seminarteilnehmer wissen wir, dass an exponierten Stellen im Unternehmen nicht immer die Menschen sitzen, die eine entwickelte Persönlichkeit aufweisen und die als Führungskräfte anerkannt und beliebt sind.

In vielen Unternehmen kommen immer noch diejenigen in Führungspositionen, die ein hohes Fachwissen haben, deren Fähigkeiten im Umgang mit Menschen gleichzeitig nicht sonderlich ausgeprägt sind. Da sitzt dann ein rigider Kontrolltyp an der Spitze der Abteilung, der jeden Schritt der Mitarbeiter kontrollieren möchte und ihnen jeden Freiraum nimmt. Die Mitarbeiter sind entsprechend vorsichtig und wagen keine eigenen Entscheidungen zu treffen, da sie nie wissen, ob die Entscheidung in den Augen der Führungskraft richtig ist.

Dann gibt es die Narzissten, die nach außen vollkommen von sich überzeugt sind und am besten wissen, wie sie sich Vorteile verschaffen, häufig auf Kosten ihrer Mitarbeiter oder

der Kollegen. Dabei wird gern über nicht Anwesende geurteilt und diese werden abgewertet. In solchen Abteilungen entsteht kein Vertrauen und keine partnerschaftliche Zusammenarbeit.

Oder es gibt noch die Paranoiker, die sich mit ihrer Abteilung abschotten, sich nicht gern in die Karten schauen lassen und denen es nur darum geht, dass in ihrer Abteilung alles in Ordnung ist, der Rest des Unternehmens interessiert sie nicht.

Es gibt nicht wenige Führungskräfte, die stolz darauf sind, dass sie täglich zehn bis zwölf Stunden im Büro oder für die Firma unterwegs sind und dies auch von ihren Mitarbeitern erwarten. Sie erwarten, dass Mails auch nach Feierabend, an Wochenenden und im Urlaub beantwortet werden. Mitarbeiter, die sich nicht entsprechend verhalten, werden als »Weicheier« hingestellt, und die wenigsten trauen sich, um 18 Uhr nach Hause zu gehen und das Mobiltelefon abzuschalten.

Diese Aufzählung soll keine Anklage sein, sondern deutlich machen, dass gerade das Verhalten der Führungskräfte einen wesentlichen Einfluss auf das Klima, das Verhalten und auch den Erfolg einer Abteilung und eines Unternehmens hat. Führungskräfte haben Vorbildfunktion und sind der Klimamacher Ihrer Abteilung!

Wir alle wissen, welche Führungskräfte wir anerkennen, welche uns begeistern und motivieren und mit denen uns die Arbeit Freude bereitet. Wenn eine Führungskraft ihren Fokus auf die Befolgung von Anweisungen legt, den Menschen dabei aber nicht berücksichtigt, kann auf Dauer kein produktives Arbeitsklima entstehen. Untersuchungen in den USA haben gezeigt, dass erfolgreiche Führungskräfte ihren Mitarbeitern mit mehr Wärme und Sympathie begegnen als weniger erfolgreiche.

Doch wie schaffe ich es als Führungskraft, mir selbst und meinen Mitarbeitern gerecht zu werden?

Die Achtsamkeit hilft uns als Führungskraft, über eigene Motive und Handlungen immer wieder Klarheit zu verschaffen. Sie lässt Sie erkennen, wenn Sie Ihre körperlichen Grenzen überschreiten, etwa wenn Sie an einem Tag 900 Kilometer mit dem Wagen gefahren sind, um einen Vertrag mit einem Kunden zu verhandeln, und weil es auf dem Weg liegt, noch ein Meeting mit einem Geschäftspartner abhalten. Achtsamkeit lässt Sie erkennen, dass Sie gerade den Impuls hatten, über einen Mitarbeiter, der nicht im Raum ist, schlecht zu sprechen. Sie lässt Sie wahrnehmen, wenn Sie einen Mitarbeiter mit einem Problem allein gelassen haben und wenn Sie einen Mitarbeiter nicht fördern, weil Sie Angst haben, dass er besser werden könnte als Sie selbst. Das Verhalten ist menschlich und es passiert uns immer wieder. Entscheidend ist, dass wir durch den Kontakt mit unserem inneren Beobachter immer wieder erkennen, was gerade passiert, und unser Verhalten ändern können.

Empathie und Mitgefühl

In einer Fachzeitschrift war kürzlich zu lesen, dass eine gute Führungskraft die Emotionen ihrer Mitarbeiter erkennen muss, um die Botschaft hinter einer Aussage oder einer Kritik zu verstehen. Es wurden viele Beispiele von Mitarbeiterverhalten aufgeführt und wie man als Führungskraft darauf reagieren sollte. Das Ganze erinnerte eher an einen Ratgeber für Eltern im Umgang mit bockigen Kindern. Doch in dem Artikel wurde an keiner Stelle erwähnt, dass eine Führungskraft erst einmal ihre eigenen Emotionen und Gefühle erkennen und auch regulieren können muss, bevor sie in der Lage ist, die Gefühle von Mitarbeitern zu erkennen. Mit Emotionen auf eine gesunde Art und Weise umzugehen ist keine intellektuelle Leistung, es setzt vielmehr voraus, dass wir uns im Kontakt mit unseren Gefühlen befinden, ihre Auslöser erkennen und die damit einhergehenden Handlungsimpulse. Erst wenn wir über eine gute Selbstwahrnehmung verfügen, können wir ein gutes Einfühlungsvermögen für andere Menschen entwickeln. Eben diese Erfahrung mit sich selbst braucht eine gute Führungskraft, um empathisch auf Mitarbeiter reagieren zu können.

Meistens können wir mit Menschen, die uns ähnlich sind, am besten umgehen. Unsere Freunde sind in der Regel Menschen, die ähnlich reagieren wie wir, ähnliche Vorlieben haben, ähnliche psychische Strukturen. Das Sprichwort »Gleich und gleich gesellt sich gern« wird durch viele Untersuchungen untermauert. Doch als Führungskraft brauchen Sie in einem Team gerade ganz unterschiedliche Menschen. Sie brauchen den Visionär, der zum Beispiel Ideen für neue Produkte entwickelt, genauso wie den Skeptiker, der die Risiken sieht. Wenn Sie als Führungskraft nur Mitarbeiter in Ihr Team holen, die so sind wie Sie, die Ihnen sympathisch sind und die angenehme Gefühle in Ihnen auslösen, dann fehlen die Vielfalt, die Ideen und das Vehikel, um als Team erfolgreich zu sein. Gerade die Offenheit und das Wohlwollen allen Mitarbeitern gegenüber und die Fähigkeit, die Stärken jedes Einzelnen zu erkennen und zu würdigen und jedem die passende Aufgabe im Team zu übertragen, zeichnet erfolgreiche Führungskräfte aus. Die Schwächen eines Mitarbeiters verändern zu wollen ist jedoch eine unlösbare Aufgabe.

Konzentrieren Sie sich als Führungskraft darauf, die Stärken Ihrer Mitarbeiter zu fördern, die richtigen Aufgaben für sie zu finden und ihre Erfolge zu würdigen, dann stellt sich auf allen Ebenen Zufriedenheit ein. Doch insbesondere das positive Feedback fehlt in vielen Unternehmen. Erfolge werden als selbstverständlich angesehen und Misserfolge überdeutlich kritisiert. Befragt man Mitarbeiter, die einen Burn-out erlitten haben, nach den Ursachen ihres Zusammenbruchs, wird immer wieder wenig oder fehlendes positives Feedback erwähnt.

Fragen Sie sich als Führungskraft, besonders in schwierigen Situationen, immer wieder ehrlich, wie Sie selbst gerne behandelt werden möchten, dann fallen Ihnen die richtigen Entscheidungen meistens nicht schwer. Die Achtsamkeitspraxis bringt uns in Kontakt zu uns selbst und lässt uns Vorstellungen, wie wir oder andere sein sollten, loslassen. Diese Nähe zu uns selbst zeigt uns auch, dass andere Menschen genau so sind wie wir, dass sie anerkannt und respektiert werden möchten, dass sie die gleichen Gefühle und Bedürfnisse haben wie man selbst.

Wissenschaftliche Studien legen nahe, dass die Fähigkeit zu Empathie und Mitgefühl in uns angelegt ist und dass Kaltherzigkeit diesen primären Antrieb unterdrückt[7]. Empathie ist die Fähigkeit, die Gefühle und Bedürfnisse anderer Menschen zu erkennen und wahrzunehmen. Sehen wir einen anderen Menschen, der traurig ist und weint, werden in unserem Gehirn die gleichen Regionen aktiviert, als hätten wir selbst gerade etwas Trauriges erlebt und würden weinen. Es zeichnet eine Führungskraft aus, wenn sie erkennt, dass hinter einem abweisenden, genervten oder überkritischen Verhalten eines Mitarbeiters vielleicht ein ganz anderes Gefühl verborgen ist, hinter dem ein persönliches Problem steckt. Wir wissen von einer Kollegin, die kurz nach einer dramatischen Trennung in einem Meeting mehrmals ärgerliche Bemerkungen gemacht hatte. Nach dem Meeting bat sie der Geschäftsführer zu einem Gespräch, in dem er fragte, ob es irgendetwas Belastendes in ihrem Leben gäbe, er habe den

---

7   Daniel Goleman, Soziale Intelligenz, München 2008

Eindruck, dass es ihr nicht gut gehe. Nachdem die Kollegin ihm von der Trennung erzählt hatte, reagierte er mit großem Mitgefühl und bot ihr an, Termine und Aufgaben für sie zu übernehmen, bis sie sich wieder gefangen habe.

Ein solches Verhalten setzt echtes Interesse am Menschen, also nicht nur am Mitarbeiter voraus. Empathie ohne Mitgefühl führt dazu, dass beispielsweise ein Versicherungsvertreter das große Sicherheitsbedürfnis eines Kunden spürt, um ihm dann jede auch noch so unnütze Versicherung zu verkaufen. Erst wenn Sie sich mit anderen Menschen verbunden fühlen und sie wertschätzen, entwickelt sich die Fähigkeit zu Mitgefühl. Der Wunsch, das Leiden des anderen zu verringern, öffnet das eigene Herz und ermöglicht echten Kontakt zum Gegenüber.

Haben Begriffe wie »Mitgefühl« und »Herz« im Business überhaupt etwas zu suchen? Regiert hier nicht der Verstand? Da haben doch Gefühle keinen Platz, oder? Es ist sicher von Vorteil, und das nicht nur im Business, seinen Verstand zu gebrauchen. Doch den Verstand zu nutzen ist nur eine der vielfältigen Fähigkeiten, die wir Menschen haben. Der Verstand eignet sich wunderbar zur Planung von Projekten, zur Ermittlung von Kosten, um die Statik für ein neues Gebäude zu errechnen. Doch immer wenn wir es mit Menschen zu tun haben, kommen Gefühle ins Spiel, ganz gleich, ob wir gerade in unserer Familie über die Unordnung im Kinderzimmer streiten oder dem überheblichen Kollegen im Meeting eins auswischen. »Da geht es um das Zulassen von Gefühlen und Emotionen«, wie Brigitte van Baren[8] schreibt. »Das ist für die Mehrheit der Manager natürlich unangenehm. Eine solche Begegnung mit den tiefsten Schichten des Selbst fördert die Bereitschaft, die Kontrolle und Herrschaft des rationalen Denkens loszulassen.«

---

8   Brigitte van Baren, Zen in Leben und Arbeit, Bielefeld 2008

Ein klarer Verstand kann unglaubliche Dinge vollbringen, doch erst wenn auch Eigenschaften wie Güte, Respekt und Wertschätzung hinzukommen, wird unser Handeln ethisch. Ein klarer Verstand kann Massenvernichtungsmittel ersinnen oder durch gezielte Qualitätsminderung bewusst die Lebensdauer von Produkten zum Nachteil der Kunden verkürzen. Doch erst Güte, Respekt und Wertschätzung, mit denen ich die Erzeugnisse meines Verstandes in einen gesellschaftlichen Kontext stelle, berücksichtigen die Bedürfnisse anderer Menschen und Lebewesen und nehmen diese genauso wichtig wie meine eigenen. Wenn wir einen anderen Menschen als jemanden erkennen, der so ist wie ich, ganz gleich, welche Hautfarbe, Position, Bildung et cetera dieser hat, dann entstehen Güte und Mitgefühl, gepaart mit dem Wunsch, ihm nicht zu schaden.

Doch Güte und Mitgefühl entwickeln sich nicht auf Knopfdruck, sie entwickeln sich, indem ich entsprechende Gedanken immer wieder in mein Bewusstsein einlade. Dann geschieht das, was die folgende Geschichte darlegt:

> *Ein alter Indianer sitzt mit seinem Enkel am Lagerfeuer. Der Alte sagte nach einer Weile des Schweigens: »Weißt du, wie ich mich manchmal fühle? Es ist, als ob da zwei Wölfe in meinem Herzen miteinander kämpfen würden. Einer der beiden ist neidisch, rachsüchtig, aggressiv und grausam. Der andere hingegen ist großzügig, liebevoll, sanft und mitfühlend.« »Welcher der beiden wird den Kampf um dein Herz gewinnen?«, fragte der Junge. »Der Wolf, den ich füttere«, antwortete der alte Indianer.*

Wir können die Entscheidung treffen, welchen Wolf wir füttern. Je öfter wir den guten Wolf in uns füttern, umso mehr entsteht daraus nach und nach eine geistige Gewohnheit, durch die wir uns und andere Menschen mit immer wohlwollenderen Augen sehen.

Die Direktorin einer Schule hatte des Öfteren Probleme mit Kollegen und Schülern, ärgerte sich häufig über deren Verhalten und litt sehr unter Stress. Nachdem sie begonnen hatte zu meditieren, achtete sie irgendwann darauf, jedem Kollegen, mit dem sie Stress hatte, innerlich zu wünschen: »Mögest du glücklich sein.« Diese Wünsche schenkte sie auch Schülern, mit denen sie Probleme hatte, und auch sich selbst, wenn sie einmal wieder sehr unter ihre Arbeit litt. Sie berichtete, dass sich ihr Verhältnis zu Kollegen und Schülern nach einigen Monaten allmählich veränderte und sie mittlerweile von ihren Kollegen sehr geschätzt und von Schülern akzeptiert und um Rat gefragt werde. Auch ihr Verhältnis sich selbst gegenüber hat sich gewandelt. Ihr innerer Kritiker ist wesentlich kleiner geworden und sie kann sich selbst freundlich und sanft begegnen, gerade auch in schwierigen Situationen.

Wenn wir Achtsamkeit üben und meditieren, trainieren wir eine tiefe geistige Ruhe und Klarheit, die uns zeigt, dass unser Glück nicht an unserem eigenen egoistischen Erfolg hängt, sondern dass Glück entsteht, wenn wir für andere da sind, wenn wir gemeinsam Erfolge schaffen, wenn wir andere dabei unterstützen, erfolgreich zu sein. Es entsteht Mitgefühl, ein Zustand, der uns verbunden sein lässt mit anderen Menschen in dem Wunsch, sie dabei zu unterstützen, glücklich zu sein und nicht zu leiden. Was dann passiert, hat Dale Carnegie einmal treffend ausgedrückt: »Wer sich für andere interessiert, gewinnt in zwei Monaten mehr Freunde als jemand, der immer nur versucht, die anderen für sich zu interessieren, in zwei Jahren.«

Wertschätzung als Motivationsturbo

Als Führungskraft nehmen Sie sich eine Grundregel zu Herzen, die absolut anwesenheits- und gesundheitsfördernd ist und auch Ihnen selbst guttut: Geben Sie jedem Mitarbeiter das Gefühl, ein wertvoller Mensch zu sein! Wenn Sie diese Grundregel befolgen und es ehrlich meinen, ist das eine ideale Voraussetzung für eine gelungene Beziehung!

Das Unternehmen Gallup nutzt in einer Mitarbeiterbefragung seit mehr als zwanzig Jahren zwölf Aussagen für die Bestimmung der emotionalen Bindung. Diese Fragen eignen sich sehr gut für die strategische Planung der nächsten Schritte in der Weiterentwicklung der Mitarbeiter.

Betrachten Sie die Aussagen einmal mit Blick auf Wertschätzung:

- Ich weiß, was bei der täglichen Arbeit von mir erwartet wird.
- Ich habe die Arbeitsmittel, Materialien und Informationen, um meine Arbeit richtig zu machen.
- Ich habe bei der Arbeit jeden Tag die Gelegenheit, das zu tun, was ich am besten kann.
- Ich habe in den letzten sieben Tagen Lob und Anerkennung für gute Arbeit bekommen.
- Mein Vorgesetzter oder eine andere Person interessiert sich für mich als Mensch.
- Bei der Arbeit gibt es jemanden, der mich in meiner Entwicklung fördert.
- Bei der Arbeit scheint meine Meinung zu zählen.
- Die Ziele und die Unternehmensphilosophie meiner Firma geben mir das Gefühl, dass meine Arbeit wichtig ist.
- Meine Kollegen haben einen inneren Antrieb, Arbeit von hoher Qualität zu leisten.

- Ich habe einen sehr guten Freund in der Firma.
- In den letzten sechs Monaten hat jemand mit mir über meine Fortschritte gesprochen.
- Während des letzten Jahres hatte ich bei der Arbeit die Gelegenheit, Neues zu lernen und mich weiterzuentwickeln.

Auch im Bereich der Hirnforschung ist längst akzeptiert, wie wichtig Wertschätzung in der Einflussnahme von Führungskräften auf Mitarbeiter ist, um Motivation und Leistungsbereitschaft zu steigern. Gerade in Zeiten der ständigen Veränderung, wo jeder Einzelne flexibel reagieren soll, besteht Führungstätigkeit zum großen Teil darin, Menschen für Neues zu gewinnen. Die Betonung liegt im Wort »gewinnen«. Führungskräfte äußern sich nicht selten befehlsartig oder appellieren an die Einsicht ihrer Mitarbeiter. Das Erteilen von Befehlen ist sehr problematisch, denn das wird oft als Strafandrohung empfunden und führt zu Vermeidungsverhalten und Stress. Stress wiederum bedeutet den Tod jeglicher Kreativität, die aber gerade in schwierigen Veränderungsprojekten so wichtig ist. Viel wirkungsvoller ist eine Orientierung an der Persönlichkeit des Mitarbeiters, an seinen Stärken und Schwächen, diese zu kennen und zu nutzen. »Nichts stimuliert uns so sehr wie der Wunsch, von anderen gesehen zu werden, die Aussicht auf soziale Anerkennung, das Erleben positiver Zuwendung und die Erfahrung von Liebe«, so der Gehirnforscher Joachim Bauer. Aus neurobiologischer Sicht ist demnach der Kern aller Motivation der Wunsch nach Anerkennung, Wertschätzung und Zuwendung.

Sie als Führungskraft haben es in der Hand, Ihre Mitarbeiter in den Mittelpunkt Ihrer Arbeit zu stellen und einen neuen Weg im Unternehmen zu gehen, mit Mut, Authentizität und Leidenschaft.

Die Achtsamkeit unterstützt Sie dabei, die Dinge zu sehen, wie sie sind, und lässt Sie erkennen, was wirklich wichtig und notwendig ist, um als Führungskraft erfolgreich zu wirken – für Ihre Mitarbeiter, für sich selbst und für den Erfolg des Unternehmens.

Achtsamkeitspraxis: So wirkt sie im Alltag

Unsere Seminare und Kurse werden häufig von Menschen besucht, die Führungspositionen innehaben. Der CEO einer Bank, der Vorstand eines mittelständischen Unternehmens, die Geschäftsführerin einer Klinik, der Bereichsleiter eines IT-Unternehmens, die Teamleiterin einer Versicherung, sie alle haben sich auf den Weg der Achtsamkeit begeben, um die Herausforderungen ihres Alltags besser und gesünder bewältigen zu können. Wir baten einige unserer früheren Teilnehmer, uns einmal die Veränderungen zu schildern, die durch die Achtsamkeitspraxis entstanden. Im Folgenden erhalten Sie einen Eindruck im O-Ton:

Frage: Wie hast du die Achtsamkeitspraxis in deinen Alltag integriert?
Die Befragten konnten zwischen »täglich«, »mehrmals pro Woche«, »selten« oder »nie« wählen: Die Mehrheit der Rückmeldenden gaben eine Achtsamkeitspraxis an vier bis sieben Tagen pro Woche an.

Antworten: Ich lege Achtsamkeitspausen ein ...
Auch hier gab es die Möglichkeit, »mehrmals täglich«, »mehrmals pro Woche«, »selten« oder »nie« anzukreuzen. Die meisten Teilnehmer gaben an, mehrmals täglich kleine Achtsamkeitspausen in den Alltag einzubauen.

■ »Erstaunlich ist, dass ich erst dachte, diese ›Pausen‹ nicht in meinen Alltag integrieren zu können. Das stimmt aber nicht! Ich genieße diese Zeiten ganz besonders, da sie mir spontan Kraft schenken und ich meine Verhaltensmuster besser verstehe.«

Frage: Wie hat sich die Achtsamkeitspraxis ausgewirkt auf
– deine körperliche Befindlichkeit (vorher/nachher)?
■ »Wenn ich am Morgen meditiere und meinen Körper bewusst wahrnehme, bin ich auch danach mehr in meinem Körper als vorher. Der Körper ist deutlicher spürbar und gibt ein Gefühl der Erdung, er ist ›wacher‹ und lebendiger. Wenn ich abends meditiere, komme ich zur Ruhe und finde in meinem Körper einen Ruhepol.«
■ »Vor meinem Achtsamkeitskurs hatte ich wirklich erhebliche Probleme mit meiner Fibromyalgie. Teilweise waren die Schmerzen so stark, dass ich deutliche Einschränkungen im Alltag hinnehmen musste. Durch Schmerztabletten ließen sich die Symptome nur sehr kurz reduzieren. Nach erfolgter Diagnostik und der erfolglosen Suche nach einer organischen Ursache für diese Erkrankung musste ich mir doch eingestehen, dass die allgemeine Aussage zum Krankheitsbild, nämlich die psychische Komponente, bei mir der Grund meiner schlechten Befindlichkeit war. Nach einiger Zeit mit Achtsamkeit nahmen die Probleme ab. Anfangs habe ich das erst nicht so richtig in den Zusammenhang gebracht, da bei der Erkrankung ja immer wieder mal Zeiten ohne Schmerzen da sind. Was ja, wenn man ehrlich zu sich ist, immer Zeiten innerer Zufriedenheit sind. Heute kann ich sagen, dass ich seit sehr, sehr langer Zeit definitiv symptomfrei bin. Eine herrliche Bereicherung meines Lebens.«

- »Deutlich seltener Kopfschmerzen oder Verspannungen. Zuvor häufig in Anspannungssituationen oder beruflichem Stress Verspannungen im Nackenbereich.«
- »Ich habe Beschwerden früher schneller verdrängt. Heute lass ich es zu, wenn es mir nicht gut geht, bzw. reagiere schneller. Zum Beispiel war es früher ganz normal, dass ich mindestens einmal täglich Herzrasen bekam. Sollte das heutzutage vorkommen, was sehr, sehr selten sein kann, erschrecke ich mich richtig und tue alles, um mich augenblicklich wieder zu entspannen.«
- »Vorher war ich stark angespannt, leicht zu stressen (mitunter fahrig, unkonzentriert), sehr müde und abgeschlagen, oft ›krank‹ (Schnupfen, Halsschmerzen, Migräne oder Kopfschmerzen). Durch die Achtsamkeitspraxis bin ich innerlich viel ausgeglichener und ruhiger, selten krank und habe kaum noch Kopfschmerzen oder Migräne.«
- »Schmerzen gehören nach wie vor zu meinem Alltag, aber der Umgang hat sich verändert. Sie sind zwar da, aber nicht mehr im Vordergrund.«
- »Ich nehme körperliche Veränderungen schneller und besser wahr – spüre den Körper intensiver als vorher.«
- »Meine Kopfschmerzen sind immer noch genauso stark wie vorher, allerdings praktiziere ich auch erst seit fünf Monaten. Was sich verändert hat, ist die Wahrnehmung meiner Kopfschmerzen bzw. Erschöpfungssignale. Ich merke diese viel intensiver und früher als bisher. Das ist nicht immer leicht, da es eine Sache ist, die Signale zeitiger wahrzunehmen, eine ganz andere, entsprechend zu reagieren. Letzteres gelingt mir noch nicht so gut. Was für mich besonders hilfreich ist, ist gelernt zu haben, dass die Wahrnehmung des Schmerzes an sich nicht wehtut und der größte Teil meines Körpers schmerzfrei

ist; es hilft, sich auf die schmerzfreien Stellen zu konzentrieren.«

- »Ich bin ruhiger geworden und nehme mein Befinden, gut wie schlecht, besser wahr.«

- »Sobald sich Schmerzen einstellten, gingen die ›Alarmglocken‹ an und ich war völlig darauf fixiert und nahm nichts anderes mehr wahr. Jetzt ist es so, dass ich körperliche Wahrnehmungen als sehr bereichernd empfinde, da ich mich mehr und mehr durch sie kennenlerne und meine Grenzen wahrnehmen kann. Meine Schmerzen nehme ich jetzt an und bin somit nicht mehr so eingeschränkt und fühle mich ›freier‹.«

- deine psychische Befindlichkeit (vorher/nachher)?

- »Durch die Praxis der Achtsamkeit wurde ich ruhiger, ausgeglichener, freudvoller. Manchmal traurig, aber glücklich-traurig, ehrlich-traurig.«

- »Spürbar ausgeglichener und weniger reizbar als zuvor. Stabiler und in mir ruhend, entsprechend eher selten Angst vor Situationen (bspw. schwere Verhandlungssituationen o. Ä.). Ich habe durch MBSR zu meiner ›alten Gelassenheit‹ zurückgefunden und kann Alltagssituationen, über die sich andere aufregen, mit einer gewissen ruhigen Distanz betrachten, ohne selbst in Aufregung zu verfallen.«

- »Im Vorfeld der Achtsamkeitspraxis habe ich unter ›Stress‹ gelitten. Geäußert hat sich das in Schlafstörungen mit nachfolgender Müdigkeit, Depressionen mit medikamentöser Behandlung, Panikattacken und einer erheblichen Unzufriedenheit. Ich habe mich oft gefragt: ›Wieso ich? Wieso ist mein Leben so schrecklich?‹ Einer meiner größten Wünsche war, einfach nur zufrieden zu sein. Innerlich glücklich und ruhig. Das Glück habe ich mir durch Konsumgüter versucht zu erkaufen.

Was unweigerlich zu anderen Problemen geführt hat
und damit zu Schlafstörungen und Panik. Ruhe und
Zufriedenheit habe ich mit NICHTS erlangen können.
Das hat mich ziemlich verzweifeln lassen. Heute kann ich
mit großer Freude, auch wenn sich das jetzt pathetisch
anhört, sagen, dass ich mich auf einem Weg zum Glück
befinde. Ich kann mit dem erlangten Glück zufrieden
sein und kann jeden Tag weiter daran arbeiten. Viele
meiner Medikamente konnte ich stark reduzieren oder
absetzen. Ich schlafe viel besser, fühle mich ausgeruhter
und leistungsstärker. Gefühle wie Angst, Panik, Trauer
usw. kann ich mittlerweile durch mich fließen lassen
und kann sie mir ansehen, ohne zu sehr zu leiden. Meine
psychische Situation hat sich also drastisch verbessert.«

■ »Vorher hatte ich eine innere Unruhe sowie eine
unerklärliche Wut in mir und fühlte mich energielos.
Heute bin ich ruhiger und ausgeglichener.«

■ »Vor meiner Achtsamkeitspraxis fühlte ich mich oft
von meinem Chef unter Druck gesetzt und in die
Ecke gedrängt (keine Wahl haben, es ›wurde für mich
entschieden‹), demnach war ich sehr unglücklich und
unzufrieden. Im Laufe der Achtsamkeitspraxis habe
ich erkannt, dass ich mich selbst sehr unter Druck
gesetzt habe (nicht mein Chef!). Dadurch konnte ich
dem gut entgegenwirken und meine Verhaltensmuster
in bestimmten Situationen gut beobachten und gezielt
verändern. Für mich eine klare Perspektivänderung der
ganzen Situation, die mich sehr viel zufriedener und
auch effizienter arbeiten lässt (Stress blockiert – gerade
in einem kreativen Beruf).«

■ »Vorher fehlte die Energie, die Lebensfreude. Jetzt gibt es
wieder schöne Tage, obwohl sich nichts an der Situation
selbst geändert hat.«

■ »Ich bin großzügiger geworden und habe mehr
Verständnis für meine Umwelt/Mitmenschen. Dadurch
habe ich selbst auch weniger Stress und kann gelassener
mit Situationen umgehen, die ich vorher als belastend
empfand. Allgemein kann ich sagen, dass ich zufriedener
geworden bin, und richte nicht mehr so sehr den
Fokus auf die Dinge, die ich nicht habe bzw. die nicht
funktionieren.«

■ »Vorher war ich schon sehr demotiviert und energielos,
da das ›Affentheater‹ im Kopf mich bestimmt hat.
Dass man das unterbinden kann war sehr hilfreich
kennenzulernen. Das ist bereichernd, wenn man selbst
diesen Einfluss hat. Dabei hilft mir: SALY (Stopp –
Atmen – Lächeln – Yes!).«

– den Umgang mit Arbeitskollegen (vorher/nachher)?

■ »Vorher habe ich oft nicht gewusst, was passiert, und
habe mich von Impulsen leiten lassen. Jetzt erlebe ich
eine Phase, in der ich insgesamt zurückhaltender bin,
mehr beobachte, stärker zuhöre und versuche, die
Worte in mich aufzunehmen, sie zu verstehen. Meine
Kommunikation verlangsamt sich.«

■ »Zuvor gespielte Gelassenheit ist wieder echte
Gelassenheit. Ich kann besser zuhören und mich auf
mein Gegenüber einlassen und einstellen.«

■ »Achtsames Zuhören hilft, die Kollegen und deren
Anliegen oder Sorgen besser zu verstehen, leider gibt es
aber immer wieder Situationen, in denen das Gegenüber
sich benimmt wie ›die Axt im Walde‹. Da kann ich jetzt
weitestgehend drüberstehen bzw. selbst wenn ich mich
ärgere, verfliegt das sehr viel schneller als vorher.«

■ »Früher war ich oft genervt, aufgeregt und manchmal
aggressiv. Heute bin ich ruhiger, auch mit beruhigenden
Worten für den Kollegen.«

- »Ich versuche nun, die Dinge, die ich wahrnehme
  (wie Ärger, Enttäuschung, Wut, Frustration, aber auch
  Freude etc.), frühzeitig zu artikulieren. So möchte ich
  einem Aufstauen der Emotionen vorbeugen und hoffe,
  mich der Situation angemessener zu Verhalten. Ab
  und zu gelingt dies auch schon. Meine Arbeitskollegen
  sind teilweise erstaunt, weil sie mich so nicht kennen.
  Insgesamt bin ich etwas experimentierfreudiger mit
  meinem Reaktionsrepertoire geworden.«
- »Ich bin großzügiger geworden und habe mehr
  Verständnis für meine Kollegen und deren Intentionen,
  die Dinge auf eine bestimmte Weise anzugehen,
  auch wenn ich es selbst anders machen würde. Das
  funktioniert nicht immer, aber immer besser.«
- den Umgang mit Mitarbeitern (vorher/nachher)?
- »Ich habe mehr Empathie entwickelt. Bin vorsichtiger
  und klarer in dem, was ich wann möchte und wann ich
  meine Mitarbeiterlieber ›in Ruhe lasse‹.«
- »Ich bin im Umgang mit meinen Mitarbeitern
  verständnisvoller geworden.«
- »Im Beruflichen konnte ich schlecht mit den
  persönlichen Befindlichkeiten der Menschen umgehen.
  Gerne projizierte ich die Tageslaune der anderen auf
  mein Leben. Bei Vorgesetzten führte das dazu, dass ich
  immer annahm, meine Leistung wäre schlecht oder
  nicht ausreichend. Der daraus resultierende steigende
  Leistungsdruck – den ich mir ja selbst gemacht habe
  – hat mich stark belastet. Ich musste viel Kraft darauf
  verwenden, meine Reaktionen zu kontrollieren. Meine
  Mitarbeiter haben da sicherlich auch schon mal was
  abbekommen, was eigentlich ungerechtfertigt gewesen
  ist. Besonders hat es mich aber getroffen, wenn ich
  durch meine Position und mein Handeln Menschen

unglücklich und unzufrieden machen musste. Ich
habe wirklich mitgelitten. Grundsätzlich konnte ich als
›Harmonietierchen‹ nicht damit leben, dass Menschen
in meinem Umfeld unzufrieden oder unglücklich
waren. Da ich das aber stellungsbedingt musste und
kein Mittel zur Verarbeitung der Gefühlsumstände
hatte, fand ich meinen Alltag unglücklich und stressig.
Heute kann ich dank der Meditation und meinem
Hintergrundwissen allen Menschen gegenüber
mitfühlend sein, muss aber nicht mehr mitleiden.
Eine Bereicherung meines Berufsalltags. Das Leben ist
entspannter. Ich kann offener auf Menschen zugehen.
Umlaufe keine zwischenmenschlichen Probleme
mehr, in der Angst, das Leid danach nicht ertragen zu
können. Ich freue mich darüber, dass das alles mich
zu einem menschlicheren Wesen gemacht hat. Die
zwischenmenschlichen Kontakte kann ich jetzt sehen
und genießen.«

- »In Bezug auf meine Mitarbeiter versuche ich, meine
Erwartungen zeitnah und deutlich auszusprechen, um
Enttäuschungen vorzubeugen. Außerdem gelingt es
mir immer besser, den Erfolg und Misserfolg meiner
Mitarbeiter nicht als meinen eigenen zu bewerten
und mich nicht allzu sehr mit ihnen zu identifizieren.
Insgesamt war der Umgang mit Mitarbeitern aber nie
eine ›große Baustelle‹ bei mir.«

- »Da ich im Unternehmen meines Mannes arbeite, ist die
Situation oft nicht einfach für mich gewesen. Ich sehe
mich als Arbeitskollegin, aber auch als Arbeitgeberin;
konnte das nicht immer trennen. Hier hilft mir oft der
Spruch: ›Zuhören beruhigt den Geist‹ und ich kläre im
Vorfeld, ob es sich um ein ›Rotweingespräch‹ (einfach
nur reden wollen, ohne tätig zu werden) oder ein

›Blaumanngespräch‹ (aktiv werden) handelt. Dadurch höre ich genauer zu und meine Gedanken beeinflussen nicht den Inhalt des Gespräches.«

– den Umgang mit Vorgesetzten (vorher/nachher)?

■ »Der fällt mir insgesamt zurzeit am schwersten, weil ich vor allem spüre, wie viel Druck und Stress bei meinem Vorgesetzten da ist. Aber auch hier habe ich schon Momente der Achtsamkeit erlebt, in denen ich mich gut sammeln und ausrichten konnte.«

■ »Ich würde mich früher aus Unternehmen verabschieden, bei denen ich manipuliert werde. Früher wollte ich irgendwie beweisen, dass ich doch beachtet werde, dass die Arbeit doch anerkannt wird. Heute würde ich einfach gehen und nicht an mir selbst so stark zweifeln.«

■ »Früher stand ich innerlich auf Kriegsfuß mit meinem Chef – er konnte immer wieder die Knöpfe drücken, die mich kränkten/rasend vor Wut machten/totalen Ehrgeiz hervorwürgten. Es war eine Art Hass mit einem Lächeln im Gesicht, denn anmerken lassen darf ich mir nichts. Heute weiß ich, was er triggert, und es hat nichts mit ihm persönlich zu tun. Wenn ich spüre, er trifft mich auf eine persönliche Art und Weise, kann ich erforschen, was es ist und woher es kommt bzw. was seine Worte oder sein Verhalten auslösen. Mir gelingt es viel besser, Abstand zwischen mich und seine Worte zu bringen – es geht um die Arbeit, es ist nichts Persönliches aus meiner Kindheit etc. Für mich hat sich das Arbeitsverhältnis sehr entspannt.«

■ »Vor meiner Achtsamkeitspraxis war ich aufbrausend, nicht bereit, Entscheidungen stillschweigend zu akzeptieren. Heute sitze ich ruhig und gelassen in den Meetings, erwische mich, wenn ich reagieren möchte, und komme runter.«

- »Mit den Vorgesetzten konnte ich eine harmonische Vertrautheit aufbauen. Ein respektvolles Miteinander. Aber auch nur, weil ich auch begriffen habe, ich muss nicht perfekt sein! Ich darf auch mal nicht die Anforderungen meines Gegenübers ganz erfüllen und kann das emotional auch einfach für mich so stehen lassen. In solchen Situationen kehre ich mal kurz achtsam in mich ein. Ich betrachte dann die Situation genau und in den meisten Fällen habe ich das Erlebnis dann auch abgearbeitet.«

- »Dies ist sicherlich die kniffeligste Frage. Ich habe nach wie vor Schwierigkeiten, mich unterzuordnen und Hierarchien anzuerkennen. Ich versuche, auch hier die Situation realistisch zu sehen und nicht so viel in das Verhältnis zu meinen Vorgesetzten hineinzuprojizieren. So bin ich im Nachhinein auch nicht persönlich enttäuscht, wenn sie sich anders verhalten, als ich es gedacht hätte.«

- »Der Umgang mit meinen Vorgesetzten war schon immer sehr schwierig; daran hat sich leider auch nicht viel geändert, aber ab und an gelingt es mir, dass ich auch hier großzügiger sein kann. Ich ärgere mich aber immer noch oft über meine Chefs. Insgesamt habe ich jedoch gelernt, Kritik von Vorgesetzten nicht mehr allzu persönlich zu nehmen, es nicht als Mangel an meiner Person zu betrachten, sondern als Wahrnehmung eines anderen bzgl. meines Verhaltens bzw. meiner Außenwirkung. Ich denke dann darüber nach, ob an der Kritik etwas Berechtigtes dran sein könnte. Wenn ja, dann überdenke ich mein Verhalten. Wenn ich aber feststelle, dass ich mich in dieser Hinsicht so o. k. finde, dann nehme ich zwar die Kritik zur Kenntnis, aber behalte dennoch mein bisheriges Verhalten bei.«

- ▣ »Ich bin wesentlich ruhiger, mit mehr innerer Stärke und
  mit mehr Akzeptanz für das, was sich ergeben soll. Entspannter und mit mehr Offenheit für ein gutes Ergebnis.«
- – den Umgang mit Partner, Familie, Freunden (vorher/
  nachher)?
- ▣ »Der Kontakt mit meinen Kindern wird intensiver und
  auf eine bestimmte Art ›verständnisvoller‹, weil ich ihre
  ›inneren Kinder‹ im Blick habe. Ich freue mich immer
  mehr über den Kontakt mit ihnen, die Beziehung zu
  meiner 19-jährigen Tochter vertieft sich sehr schön, die
  Beziehung zu meinem jüngeren Sohn wird leichter, mit
  weniger Sorgen verbunden. Meine Partnerschaft war
  vorher schon sehr tief und wird es nun noch mehr, vor
  allem, weil ich die Achtsamkeit und die Übungen mit
  meinem Partner teilen kann, wir ab und zu gemeinsam
  meditieren und uns über unsere inneren Themen
  austauschen. Das ist ein großes Geschenk, was auch dazu
  führt, dass Konflikte tiefer und reicher werden.«
- ▣ »Vorher habe ich meine Rolle in der (Ursprungs-)Familie
  akzeptiert, dass ich diejenige bin, die allen zuhören und
  es allen recht machen soll. Jetzt gebe ich mehr Kontra,
  was zwar zu Konflikten führt, mir aber Ruhe gibt. In der
  Partnerschaft war und ist der Umgang gleich geblieben.
  Wir hatten schon immer einen vertrauensvollen und
  ruhigen Umgang miteinander.«
- ▣ »Mein näheres Umfeld freut sich, dass ich wieder
  glücklich bin, viel lache und viel Quatsch mache. Ich
  habe gelernt, Probleme auch mit Distanz betrachten
  zu können, Gefühle zu hinterfragen und zu wissen,
  dass alles kommt und geht. Besonders in schweren
  Momenten oder im Streit gut zu wissen! Ich kann den
  Moment wieder genießen – das schwappt auch immer
  ein bisschen auf mein Umfeld über.«

- »Auch hier bin ich ruhiger und besinnlicher geworden. In Diskussionen kommen mir oft ›geübte‹ Dinge in den Kopf und ich führe Gespräche ruhiger.«

- »Ich glaube, dass ich heute keinen Kontakt mehr zu meiner Schwester hätte, wenn ich nicht in der Achtsamkeit gelernt hätte, mit meinen Gefühlen umzugehen. Durch all die Erkenntnisse, die ich gewinnen durfte in der Achtsamkeit, war es mir immer wieder möglich, auch ihr Gefühle (welcher Art und Berechtigung auch immer … na, eigentlich bewerte ich ja nicht oder versuche es zumindest) zuzugestehen und die Wirkung auf mich einfach zu betrachten und fließen zu lassen. Durch diese Fähigkeit konnte ich mir selbst wieder eine wundervolle Schwester schenken, meinen Frieden mit den Kindheitserlebnissen mit meinen Eltern schließen und ihnen wenn auch nach ihrem Tod mit Verständnis verzeihen. ›Seelenfrieden‹.«

- »Dieser Umgang ist relativ unkompliziert (war er auch vorher). Auch hier versuche ich, meine Bedürfnisse frühzeitig wahrzunehmen (klappt meist) und dann auch angemessen und zeitnah auszudrücken (klappt ab und an).«

- »Hier war ich wohl schon immer achtsamer als in anderen Bereichen. Wahrscheinlich, weil mir diese Personen auch besonders wichtig waren/sind. Daher hat sich hier nicht so viel verändert, aber auch hier bin ich großzügiger geworden und ärgere mich weniger/seltener bzw. nicht mehr so lange wie vorher.«

- »Mir ist eigentlich jetzt erst bewusst, dass ich viel gedeutet und einiges reininterpretiert habe. Jetzt versuche ich bewusst darauf zu achten, mich davon frei zu machen, und merke, wie positiv beruhigend sich das auf mich und mein Gegenüber auswirkt. Einfach eine schöne Erfahrung!«

- »Noch mehr Akzeptanz für andere, wesentlich weniger Wollen und dafür wesentlich mehr Geschehenlassen.«
- Wenn du die entscheidenden Veränderungen durch die Achtsamkeitspraxis in einigen Sätzen zusammenfassen würdest, wie würden diese Sätze lauten?
- »Die Achtsamkeitspraxis hat mir einen neuen Zugang zu mir selbst eröffnet, zu meinen Gefühlen und Gedanken, zu meinem ganzen Sein. Auch wenn es nicht einfach ist, sich selbst auch mit all den schwierigen Seiten sehen zu lernen, ist es ein Weg, der Frieden mit mir selbst schafft. Glück und Leid sind tief verbunden. Das Leben wird lebendig und tief.«
- »Ich habe durch den Kurs gelernt, mich auf mich selbst zuzubewegen und mich auf mich einzulassen. Die tägliche Meditationspraxis hat für mich ein Hinterfragen dessen bewirkt, was mir im Leben wichtig ist, und hilft mir, vertrauensvoll Mut für neue Wege zu ergreifen.«
- »Ich übernehme mehr Verantwortung für mich selbst, sage mehr Nein und weiß, wo ich stehe. Was von außen kommt, nehme ich nicht mehr gleich für bare Münze, sondern ordne Kommentare den Personen zu, von denen sie kommen. Sie heften mir nicht mehr an.«
- »Ich bin viel entspannter und nehme das Leben nicht mehr so schwer. Alles kommt und geht und ich versuche ganz oft einfach nur das Beste aus dem Augenblick zu machen und nicht so viel zu grübeln, was die Zukunft bringen könnte oder warum etwas in der Vergangenheit passiert ist.«
- »Die Achtsamkeitspraxis hat mich aus einem tiefen Loch gerissen, aus einer Lebenskrise, aus der Verzweiflung zurück ins Leben, ins achtsame Leben.«
- »Schwierige Situationen kommen immer wieder. Auch schwierige, manchmal destruktive Gefühle und

Gedanken – jedoch habe ich eine Art Werkzeug, um damit umzugehen. Die Phasen sind deutlich kürzer und es geht mir schneller besser.«

- »Vor dem Kurs hatte ich immer das Gefühl, eigentlich gerade woanders sein zu müssen als da, wo ich gerade war, etwas anderes tun zu müssen als das, was ich gerade tat. Das Gefühl hat sich im Laufe des Acht-Wochen-Kurses plötzlich und ein für alle Mal aufgelöst.«

- »Ich habe gelernt zu leben, zu lieben, zu fühlen und damit jeden Tag als Gewinn zu sehen. Nur eins ist klar: ›Der Weg ist das Ziel, die Achtsamkeit mein Transportmittel und die Geduld mein stetiger Begleiter!‹«

- »Durch das Einüben der Achtsamkeitspraxis bin ich mir der Relevanz und Konsequenzen meines bisher häufig ›unachtsamen‹ Lebens nochmals deutlich bewusst geworden. Am deutlichsten verändert hat sich die Intensität, mit der ich mich selbst (in meiner Umwelt) wahrnehme.«

- »Ich denke nun mehr an mich selbst und an die Möglichkeiten, die ich habe. Es gibt meistens mehr als einen Weg, den man gehen kann, oder kurz in einem Zitat ausgedrückt: ›Wir haben immer die Wahl, sind uns nur oft egal‹ (aus dem Lied ›Sterne‹ von Laith Al-Deen).«

- »Das Achtsamkeitstraining war das größte Geschenk, was ich mir selbst machen konnte. Ich habe dadurch meine Balance wiedergefunden. Es ist und bleibt für mich spannend, wie mein Köper und mein Geist so eng zusammenspielen, und ich habe Einfluss darauf!«

- »Ich bin überwiegend ruhiger und gelassener – ich genieße die guten Momente bewusster – ich kann diverse ›Stürme‹ besser und ruhiger meistern – ich sehe vieles klarer und habe einen ganz anderen Blick auf das, was

kommt – ich habe eine andere, kurzfristigere Sicht auf
die Zukunft bekommen. Keine Ziele mehr, die erreicht
werden müssen, sondern eher der klare Blick auf das,
was kommt.«

– Wie hat sich die Achtsamkeitspraxis ausgewirkt auf den
Umgang mit dir selbst?

■ »Ich bin gnädiger mit mir geworden. Ich spüre mich
und meine Bedürfnisse, meine Motive, Ablenkungs- und
Täuschungsmanöver schneller und deutlicher. Es ist ein
neuer Freiraum für Veränderung in mir entstanden.
Und das Leiden an sich hat einen wertvollen Sinn
erhalten. Schuld und Vorwürfe an mich selbst haben
nachgelassen. Stattdessen bin ich neugieriger auf mich
selbst geworden.«

■ »Achtsamkeitspraxis bewirkt nach wie vor in mir eine
zunehmende Bereitschaft, mich kennenzulernen, ohne
angelernte oder anerzogene Verhaltensweisen oder
Denkmuster zur Prämisse meiner Selbsteinschätzung zu
machen. Das ist spannend und zum Teil überraschend.
Ich gönne mir, alleine schon durch die täglich
aufgebrachte Zeit, mehr Raum für mich selbst und
merke, wie meine Psyche/Seele diesen Raum/diesen
Umgang wertschätzt.«

■ »Meine Kritik an mir selbst ist konstruktiver geworden
und nicht mehr destruktiv. Ich habe ein stärkeres
Selbstgefühl und lasse mich nicht mehr so leicht
manipulieren oder gar schlechtreden.«

■ »Ich gönne mir mehr Momente der Ruhe, nehme mir
bewusst Zeit für mich und meine Bedürfnisse. Ich kann
mittlerweile recht gut formulieren, was ich möchte und
vor allem: was ich nicht möchte. Außerdem kann ich
wieder den Moment genießen und habe nicht mehr das
Gefühl, von einem Termin zum nächsten zu hecheln. Ich

nehme mir mehr Zeit für meine Familie und Freunde
und lasse mein Leben nicht mehr so von der Arbeit
beherrschen – und das bedeutet nicht, dass ich meinen
Job vernachlässige!«
■   »Ich sorge für mich!«

Erfolgreiche Achtsamkeitspraxis im Unternehmen

Upstalsboom, Google und SAP machen es vor. Diese Firmen
haben ein auf Achtsamkeit basierendes Führungskräftetrai-
ning installiert und profitieren bereits seit Jahren davon.

Es wird eindrücklich belegt, dass nach einem Training in
Achtsamkeit die befragten Führungskräfte ihre Fähigkeit, bei
Meetings, Konferenzen und Präsentationen ebenso wie bei
Einzelgesprächen voll aufmerksam zu sein, von 31 Prozent
auf 75 Prozent gestiegen ist. Der Anteil derjenigen, die sich,
statt einfach nur Arbeitspakete abzuarbeiten, ein sinnvolles
und produktives Vorgehen anvisierten, stieg von 26 Prozent
auf 87 Prozent. Dies wird als Ergebnis der Übung des Inne-
haltens und der daraus resultierenden Klarheit angesehen,
worin jeweils ein produktives und sinnvolles Vorgehen besteht. Ebenso war es eine Folge der Auseinandersetzung mit
Normen und Spielregeln der Organisation. Viele der befragten Manager berichteten, dass sie sich wieder – oder sehr viel
mehr als zuvor – in der Lage fühlen, mit Begeisterung und
Einfühlungsvermögen zu führen. Selbst klar und präsent zu
sein hilft ihnen, auch in schwierigen, komplexen Situationen
Orientierung zu finden und zu vermitteln. Und es macht frei
für exzellente Leistungen in einem sehr gesunden und lang-
fristigen Sinn.

Auch in Deutschland gibt es immer mehr Unternehmen, die mit Trainingsprogrammen wie z. B. »Search Inside Yourself SIY«, »Achtsamkeit und emotionale Intelligenz«, »Training Achtsamkeit am Arbeitsplatz TAA« und weiteren Formaten Achtsamkeit als Haltung schulen und in ihre Firmenphilosophie aufgenommen haben.

Der Upstalsboom-Weg

Das Unternehmen Upstalsboom betreibt 10 Hotels an Nord- und Ostsee sowie in Berlin und beschäftigt 600 Mitarbeiter. Das Familienunternehmen wurde mit der Eröffnung des ersten Hotels 1976 gegründet und wird in zweiter Generation von Bodo Janssen geführt.

Bis zum Jahr 2010 standen Qualität und Wirtschaftlichkeit im Fokus des unternehmerischen Denkens und Handelns und bescherten dem Unternehmen solide Zahlen. Doch steigende Krankheitsraten, eine starke Fluktuation der Mitarbeiter und immer wieder die Notwendigkeit, »Brände zu löschen«, veranlassten die Unternehmensführung 2010, eine Mitarbeiterbefragung durchzuführen. Das Ergebnis war schlimmer als befürchtet. Die Zufriedenheit der Mitarbeiter lag nach Schulnoten beurteilt zwischen vier und fünf. Diese Unzufriedenheit wurde durch die persönlichen Statements in dieser Befragung deutlich untermauert. Die Sicht auf das Unternehmen und die Geschäftsführung konnte unterschiedlicher nicht sein. Was die Unternehmensführung als Himmel bezeichnete, war für die Mehrheit der Mitarbeiter die Hölle.

Schnell war klar, dass das Kernthema »Führung« hieß. Dabei kristallisierten sich drei Bereiche als problematisch heraus:
- ■ Die Grundbedürfnisse der Mitarbeiter nach Wertschätzung und Anerkennung wurden nicht erfüllt.

- Aufgaben, Kompetenzen und Prozesse waren nicht transparent und für die Mitarbeiter oft unklar oder widersprüchlich.
- Die Mitarbeiter fühlten sich nicht geführt, nicht gesehen und erlebten, dass oft über ihre Köpfe hinweg entschieden wurde.

Nach diesem vernichtenden Ergebnis wurde insbesondere auf die Weiterentwicklung aller am Unternehmen Beteiligter gesetzt, von der Geschäftsführung bis zum Auszubildenden. Dabei ging es nicht um die fachliche, sondern vielmehr um die persönliche Weiterentwicklung.

Dafür nahmen alle Führungskräfte an Klosterseminaren teil, in denen es darum ging, sich selbst zu finden, sich selbst führen zu lernen und für sich selbst den Sinn, der hinter der Arbeit steht, zu erkennen. Statt von Zahlen getrieben zu werden, wurden die eigenen inneren Quellen entdeckt, aus denen das Handeln der Führungskraft motiviert wird. Das Verständnis für die Aufgabe der Führungskräfte wandelte sich. Nur wer sich selbst führen kann, kann auch andere führen. Mitarbeiter führen wurde als Dienstleistung erkannt, die die Mitarbeiter unterstützt, ihr Potenzial und ihre Fähigkeiten zu entfalten. Nach Aussage von Bodo Janssen nimmt heute die Mitarbeiterführung 85 Prozent seiner Arbeitszeit ein, vor den Maßnahmen war diese Aufgabe praktisch nicht vorhanden.

Neben den Klosterseminaren wurden den Mitarbeitern auch Seminare auf dem Hintergrund der positiven Psychologie angeboten, um die eigenen Potenziale zu erforschen, eigene Ressourcen zu nutzen und die Quellen von Inspiration und Motivation zu entdecken.

Aus dem gesamten Prozess haben sich drei Fortbildungsmodule entwickelt, die sich zum gefragtesten Angebot innerhalb der betrieblichen Aus-, Fort- und Weiterbildung entwickelt haben.

Im ersten Modul geht es darum, sich selbst zu führen. Hier spielt das Thema Achtsamkeit eine große Rolle, zu lernen, sich selbst wahrzunehmen, sich seiner Ziele bewusster zu werden und auf sich zu achten. Die Wahrnehmung des Hier und Jetzt und das Loslassen von Konzepten darüber, wie etwas sein sollte, prägen dieses Modul.

Im zweiten Modul steht das Thema »Menschen führen« im Mittelpunkt. Die Fragen, was macht mich erfolgreich als Mensch? was sind meine Talente? was macht mir Freude?, beschäftigen die Teilnehmer. Dabei geht es darum, diese Erkenntnisse in den Unternehmenskontext zu überführen, einen Konsens zu entwickeln und diesen in die Arbeit als Führungskraft zu übertragen.

In Modul drei geht es um die Instrumente nachhaltiger und wirksamer Führung. Dabei steht die Sprache als Ausdruck der eigenen inneren Haltung und ihre Wirkung im Fokus.

Achtsamkeit leitet im Unternehmen die Kommunikation auf allen Ebenen und ist im neuen Leitbild, das von allen Mitarbeitern entwickelt wurde, der wichtigste Wert.

Die Auswirkungen dieses Paradigmenwechsels von der Ressourcenausnutzung hin zur Potenzialentwicklung bei Upstalsboom haben sich in allen Bereichen als wertvoll und erfolgreich gezeigt.

Alle sechs Monate wurden seit Beginn der Veränderungen Mitarbeiterbefragungen durchgeführt, in denen die Mitarbeiter angaben, dass sie sich als Mensch gesehen und wertgeschätzt fühlen, dass ihre Meinung gefragt und geschätzt wird. Es ist eine Kultur der Achtsamkeit für das eigene Befinden entstanden, in der nicht auf den anderen gezeigt wird, sondern die Mitarbeiter Verantwortung für ihr Handeln übernehmen. Dazu gehört auch, dass Misserfolge als Chance zum Lernen und Wachsen gesehen werden.

Die Führungskräfte haben gelernt, zu fragen, zuzuhören, zu sehen und zu fühlen, statt vorschnell Antworten und Anweisungen zu geben. Im gesamten Unternehmen entwickelt sich eine Atmosphäre des Vertrauens und der Offenheit.

Gleichzeitig mit diesen qualitativen Veränderungen hat sich der Umsatz in den letzten drei Jahren nahezu verdoppelt. Der Krankenstand ist rapide gesunken.

Trotz anfänglicher Skepsis hat sich bei Upstalsboom gezeigt, dass hohe Qualität, hohe Wirtschaftlichkeit und eine hohe Mitarbeiterzufriedenheit gleichzeitig möglich sind. Die Weiterempfehlungsrate durch Gäste von 98 Prozent zeigt, dass sich die Zufriedenheit der Mitarbeiter auf die Zufriedenheit der Gäste übertragen hat.

Der Weg der Achtsamkeit für sich und andere, die Wertschätzung der Mitarbeiter und eine menschliche Unternehmensführung, die alle im Unternehmen Handelnden einschließt, machen den Erfolg auf allen Ebenen bei Upstalsboom aus. Dieser Weg wurde mit dem Hospitality Award 2013 ausgezeichnet.

In einem Interview beschreibt Bodo Janssen, Geschäftsführer von Upstalsboom, wie sich die Veränderungen u. a. ausgewirkt haben:

»Bei uns im Unternehmen hat sich alles geändert, die gesamte Arbeitsweise und der Umgang miteinander. Uns ist es wichtig, dass die Mitarbeiter das Unternehmen mitgestalten, dass persönliches Wachstum möglich ist, dass jeder seine persönlichen Stärken einbringen kann, und wir haben demokratische Strukturen eingeführt. Es gibt viele Begebenheiten, die heute ganz anders sind als noch vor fünf oder sechs Jahren. Ich will da mal ein Beispiel geben. In einem unserer Hotels wurde uns aufgrund unserer Attraktivität von einem Investor eines anderen Hotels die gesamte Führungsriege weggekauft. Der Direktor und seine Führungskräfte waren für viel Geld weggelobt worden und sind geschlossen an einen anderen Standort nicht weit entfernt gewechselt. In unserem Hotel gab es dann ein Führungsvakuum und wir haben überlegt, was wir tun können. Wir wollten eine Antwort von den Mitarbeitern auf die Frage bekommen: Was braucht ihr jetzt, um diese herausfordernde Situation gut durchstehen zu können? Wir haben nicht wie früher eine digitale und anonyme Mitarbeiterbefragung durchgeführt, sondern haben ganz neue Instrumente eingesetzt, um die Auswirkungen auf die Mitarbeiter und ihre Gedanken und Gefühle in dieser Situation zu erfahren. Dabei haben wir uns des Instruments Fishbowl[9] bedient. Alle Mitarbeiter waren eingeladen, sich im Kreis in einer Arena in ganz offenen Gesprächen darüber auszutauschen, wie sie diese Situation wahrnehmen und welche Ideen sie haben, um dieser Situation positiv und wirksam zu begegnen. Dieses Vorgehen war sehr erfolgreich und es ist viel Positives aus den Ideen der Mitarbeiter entstanden. Die Mitarbeiter, die um ihre Führungskräfte dezimiert worden waren, haben aus sich heraus eine große Stärke entwickelt, weil sie klar über die Situation gesprochen haben und darüber, was sie brauchen. Dadurch ist das Hotel noch einmal viel stärker geworden, als es zuvor war.

Danach haben wir grundsätzlich entschieden, keine digitalen und anonymen Mitarbeiterbefragungen mehr durchzu-

---

9   **Fishbowl** ist eine Methode, mit der demokratische Prinzipien und eine gleichberechtigte Bedürfnisklärung aller Betroffenen auch in großen Gruppen realisiert werden kann. Der Name Fishbowl ergibt sich aus der Sitzordnung. Sie gleicht einem Goldfischglas, um das alle Teilnehmer im Kreis herumsitzen. Bei der Fishbowl-Methode (auch Innen-/Außenkreis-Methode) diskutiert eine kleine Gruppe von Teilnehmern im Innenkreis (im »Goldfischglas«) das Thema, während die übrigen Teilnehmer in einem Außenkreis die Diskussion beobachten. Vom Außenkreis können Teilnehmer in den Innenkreis wechseln und umgekehrt.

führen, sondern ganz offene Fishbowls zu veranstalten und direkt im Hotel die Stimmung abzufragen. Die Hotels organisieren Fishbowls zu bestimmten Zeiten, um zu erfahren, wie es um die Stimmung, die Situation, die Atmosphäre und die Arbeitsbedingungen innerhalb eines Hotel steht. Das ist etwas, was ich mir vorher nie hätte vorstellen können, dass wir uns mit allen Mitarbeitern in einen Raum setzen und auf Basis des Fishbowls bestimmte Fragestellungen beantworten, z. B.: Wie nehmt ihr die Kommunikation bei uns im Hotel wahr? Die Fragestellung wird im Fishbowl diskutiert, und danach werden im Rahmen eines World-Cafés[10] Themen und Projekte bearbeitet. Mit dieser ganz offenen Struktur erzielen wir innerhalb von nur einem Tag gemeinsam mit allen Mitarbeitern Ergebnisse, die beispielsweise zur Optimierung und Weiterentwicklung der Unternehmenskommunikation führen. Das wäre früher undenkbar gewesen. Das ist ein Beispiel dafür, wie Offenheit, Vertrauen und Mut entstehen. Alle Beteiligten bringen den Mut auf, Dinge anzusprechen und innerhalb dieser offenen Runde miteinander zu sprechen, anstatt übereinander, ohne Angst davor zu haben, dass es negative Konsequenzen haben könnte.

---

10 **World-Café** ist eine Workshopmethode, bei der die Einladenden den Gästen mit relativ wenig Aufwand und professioneller Anleitung einen sicheren Raum bieten, um die verschiedenen Sichtweisen und verschiedene Herangehensweisen an ein Thema, voneinander kennenzulernen. Außerdem dient die Methode dazu, Muster zu entdecken, Ziele und Zusammenhänge zu erkennen, neue Umgangsformen kennenzulernen, kooperativ zu werden, genau hinzuhören, zu hinterfragen und löst dadurch gemeinsam Probleme. Mit passenden Fragen werden Menschen an ein konstruktives Gespräch herangeführt, das Themen behandelt, die für die Teilnehmer relevant sind. Dabei geht es darum, dass möglichst alle Betroffenen zu Wort kommen, um gemeinsame Ziele und Strategien zu entwickeln. So wirkt jeder an den Veränderungsprozessen mit. Die Methode unterstützt die gemeinsame Planung und fördert persönliche Entwicklung, Selbststeuerung und Selbstorganisation der Teilnehmer und macht den Leistungsvorteil und die Stärke einer Gruppe sicht- und erlebbar.

Ein weiteres Beispiel dafür, wie demokratische Strukturen in unserem Hotel wirken, zeigt die Neubesetzung einer
Direktorenstelle. Die Mitarbeiter in einem unserer Hotels
haben versucht, das Leitbild und das, was sie gemeinsam an
Werten haben, auch in ihrer alltäglichen Arbeit umzusetzen.
Es stellte sich jedoch heraus, dass sie von Seiten der Führung,
des Hoteldirektors, nicht die Möglichkeit bekamen, das zu
leben. Gleichzeitig signalisierte der Hoteldirektor gegenüber
der Geschäftsführung jedoch Wertschätzung und Offenheit,
also der klassische Fall von nach oben lächeln und nach unten treten. Die Frage war, wie gehen wir damit um? Wir haben dann die Mitarbeiter bestärkt und dabei unterstützt, ein
anderes Verhalten gegenüber der Führungskraft deutlich ein-
zufordern, was sich als wenig erfolgreich herausstellte. Das
hat in letzter Konsequenz dazu geführt, dass ich dem Hoteldirektor gekündigt habe, er von sich aus aber auch deutlich
gemacht hat, dass er im Hause nicht seine geistige und wert-
mäßige Heimat sieht. Als wir die Stelle nachbesetzt haben,
war es das erste Mal, dass nicht ich die Entscheidung getroffen habe, wer Direktor dieses Hauses wird (außer am Ende
auf formaler Ebene), sondern die Mitarbeiter haben sich ihren Direktor ausgesucht. Nachdem der alte Direktor gegangen war, hatten wir dort erst einen Interimsdirektor aus den
eigenen Reihen und es ging darum, einen neuen Direktor zu
finden. Wir hatten mehrere Bewerber und haben aus diesem
Kreis drei potenzielle Kandidaten ausgewählt. Diese wurden
zu einem Workshop eingeladen, zu dem ca. 100 Mitarbeiter
zusammengekommen waren, u. a. auch die Mitarbeiter des
betroffenen Hotels, um das es ging. Während dieses Work-
shops hatten beide Seiten die Möglichkeit, sich gegenseitig
kennenzulernen. Am Ende haben wir die Mitarbeiter gefragt,
wen sie sich als Direktor vorstellen könnten, jemanden, der
nicht nur als Vorgesetzter fungiert, sondern einen Menschen,

den sie als Chef wirklich anerkennen. Die Mitarbeiter haben sich dann für einen der drei Bewerber entschieden, den wir auch eingestellt haben. Ein solches Vorgehen wäre vor einigen Jahren noch undenkbar gewesen.

Es gibt auch noch weitere sehr erfreuliche Geschichten, z. B. der Umgang mit unseren Auszubildenden. In der Hotellerie werden Auszubildende oft sehr negativ gesehen, insbesondere die Generation Y (»Die wollen nichts, die können nichts.«). Wir haben dahingehend unseren Blickwinkel komplett verändert. Für uns sind die jungen Menschen im Unternehmen die Wichtigsten. Wie in einer Familie sollen sie die meiste Aufmerksamkeit erhalten, damit sie sich entwickeln und ihr Potenzial entfalten können. Daran arbeiten wir sehr intensiv. Im Januar werde ich mit zwölf Auszubildenden den Kilimandscharo besteigen. Der Berg als Sinnbild für das Leben und der Berg als Möglichkeit, den inneren Schweinehund zu überwinden. Wir haben das ausgeschrieben unternehmensweit für unsere 65 Auszubildenden. Wir haben die Bedingungen sehr realistisch beschrieben, auch das, was herausfordernd werden kann, wie die Möglichkeit der Höhenkrankheit und die körperlich sehr hohe Beanspruchung. Es haben sich dennoch zwölf Auszubildende beworben. Die jungen Leute haben in ihren Bewerbungen ihre ganz persönlichen Gründe aufgeführt, warum sie an dieser Aktion teilnehmen möchten. Es hat mich sehr berührt, wie viel Vertrauen mir entgegengebracht wurde und mit welcher Offenheit die jungen Leute, kaum älter als 18 Jahre, ihre persönlichen Situationen und ihre Motivation, an einer solchen Besteigung teilzunehmen, geschildert haben.

Heute ist unser Umgang untereinander ganz anders als noch vor wenigen Jahren. Wenn heute unsere Mitarbeiter zusammenkommen, zweimal im Jahr zu einem großen Workshop, dann sind das 100 bis 120 Teilnehmer. Diese Emotionalität und diese Offenheit, die wir entwickelt haben und die es möglich macht, auch emotionale Themen vor versammelter Mannschaft anzusprechen, ist für mich ein ganz deutliches Zeichen, dass menschlich und emotional eine ganz starke Verbindung besteht wie im Fall einer 18-jährigen Auszubildenden, die auch den Kilimandscharo besteigen wollte. Sie stellte sich vor eine ganze Reihe von Führungskräfte und sagte: »So, liebe Führungskräfte, schaut mich an (1,70 m groß, 100 kg schwer). Ich weiß, dass es mir keiner von Euch zutraut, auf den Berg zu gehen. Ich weiß, dass ich dreimal so viel dafür tun muss, wie jeder andere Teilnehmer hier im Projekt. Aber ich werde es schaffen«. Eine Auszubildende, 18 Jahre, vor Direktoren und Abteilungsleitern. Das ist für mich so schön, dass ich es nicht in Worte fassen kann.«

Google USA

Seit 2007 gibt es bei Google in den USA das Achtsamkeitstraining »Search Inside Yourself«. Entwickelt wurde es von Chade-Meng Tan, einem der ersten Google-Ingenieure. Tan dachte sich das Programm während der 20 Prozent seiner Arbeitszeit aus, die Google Mitarbeitern für Projekte, die nicht mit ihrem direkten Aufgabengebiet in Verbindung stehen, zugesteht. Entstanden ist ein Achtsamkeitstraining unter Vorlage des MBSR-Programms von Jon Kabat-Zinn. Das Programm besteht aus drei Schritten:

1. Aufmerksamkeitsschulung
In diesem Abschnitt wird die Meditation im Sitzen und im Gehen eingeführt und der Body Scan zur besseren Wahrnehmung des Körpers. Damit soll geistige Ruhe und Klarheit als Grundlage emotionaler Intelligenz erreicht werden.

2. Selbsterkenntnis und Selbstbeherrschung
Die Aufmerksamkeitsschulung ist die Voraussetzung dafür, dass kognitive und emotionale Prozesse deutlicher und genauer wahrgenommen werden können, um den Fluss der Gedanken und Emotionen klar und objektiv betrachten zu können. Daraus resultiert eine tiefe Selbsterkenntnis, die es ermöglicht, seine eigenen Reaktionen besser zu regulieren.

3. Nützliche geistige Gewohnheiten
Hier geht es darum, grundsätzliches Wohlwollen anderen gegenüber einzuüben.

Die Übungen im Programm sind auf die jeweilige Situation und die Herausforderungen am Arbeitsplatz zugeschnitten. So gibt es unter anderem diese Übung: »Die Praxis der achtsamen E-Mail-Kommunikation«.

Chade-Meng Tan beschreibt die Wirkung des Programms anhand der Aussagen verschiedener Teilnehmer. Diese berichten davon, dass sie besser zuhören, ihre Emotionen besser regulieren können, dass sie gelernt haben, Geschichten besser von der Wirklichkeit zu unterscheiden, dass sie gelassener im Umgang mit Kunden und kreativer geworden sind und sich besser in sie hineinversetzen können, ohne voreilige Schlüsse zu ziehen. Die Übungen wirken sich sogar positiv auf das Privatleben aus. Teilnehmer berichten, dass sich ihre Beziehungen verbessert haben und sie mit persönlichen Krisen besser umgehen konnten. Innerhalb von Googles internem Fortbildungsprogramm steht das Achtsamkeitstraining »Search Inside Yourself« an vorderster Stelle.

Google Deutschland

Bei Google Deutschland am Standort Hamburg wird in puncto Achtsamkeit ebenfalls viel angeboten. Im Jahr 2013 begann Mounira Latrache, Communications & Public Affairs Managerin, die selbst seit Jahren Achtsamkeit praktiziert, während ihrer 20 Prozent freier Arbeitszeit, eine Meditationsgruppe aufzubauen.

Sie begann mit einer kleinen Gruppe von Kollegen, die sich täglich um 14 Uhr zur »g-pause« (Google-Pause) trafen, um gemeinsam zu meditieren. Ohne dass Werbung für dieses Angebot gemacht wurde, verbreitete sich die Information schnell im Kollegenkreis. Nach einem Jahr ist diese Gruppe auf 50 Teilnehmer angewachsen, die alle regelmäßig mehrmals in der Woche zur Meditation kommen. Wenn Mitarbeiter neu hinzukommen und mit Meditation noch nicht vertraut sind, können sie das einmal im Monat stattfindende Angebot »Introduction to mindfulness meditation« wahrnehmen. Hier werden die Kernelemente von Achtsamkeit, MBSR, emotionale Intelligenz, Neurowissenschaften und formelle Übungen wie Body Scan, Atemmeditation und Gehmeditation in einem Einführungskurs vermittelt.

Die Teilnehmer an diesem Meditationsangebot kommen aus unterschiedlichen Bereichen und Hierarchieebenen. Von Führungskräften wurden schon Acht-Wochen-Team-Kurse nachgefragt. Und es gibt Überlegungen, die Meditation per Videokonferenz auch in die anderen Standorte in Deutschland zu übertragen. Einige Mitarbeiter haben es sich zur Gewohnheit gemacht, vor Besprechungen kurz für eine Meditation innezuhalten, mit dem Ergebnis, dass Meetings ruhiger, strukturierter und effizienter ablaufen. Begeistert erzählt Mounira Latrache von einer Erfahrung, bei der an einem Sales-Meeting-Tag die dort anwesenden Manager in den Genuss einer zweiminütigen Kurzmeditation kamen und selbst die größten Skeptiker anschließend bemerkten, dass sich in diesen zwei Minuten wahrnehmbar etwas an Stimmung und Atmosphäre im Raum verändert hat: »Auf einmal war eine Stille da. Ohne dass man etwas sagen musste, wusste jeder, jetzt ist irgendetwas anders.«

Die Wirkungen der täglichen Meditation wurden bislang nicht systematisch abgefragt. Mitarbeiter berichten jedoch darüber, dass sie strukturierter arbeiten, sich glücklicher und besser fühlten, seltener im Alltagsgeschehen fortgeschwemmt werden, gelassener mit schwierigen Dingen umgehen und auch besser Nein sagen können. Auch gesundheitlich hat sich die Meditation positiv ausgewirkt. Frau Latrache ist überzeugt davon, dass die positiven Veränderungen auf Kollegen und das Team ausstrahlen.

Google Deutschland engagiert sich sehr, um seine Mitarbeiter mit entsprechenden Informationen und Veranstaltungen zu motivieren und mit sich selbst achtsam umzugehen. So gibt es an jedem Standort einen Quiet-Room, der in Stille genutzt werden kann und in dem kein technisches Equipment vorhanden ist. Im Juli 2014 wurde ein Well-Being-Day veranstaltet, an dem die Mitarbeiter während eines ganzen Tages an unterschiedlichen Achtsamkeitsübungen teilnahmen und sich informieren konnten. Unter anderem wurden Yoga, Meditation und gesundes Essen angeboten. Die Veranstaltungen dieses Tages wurden per Videokonferenz an alle Standorte in Deutschland übertragen. Die Beteiligung und die Rückmeldungen zu diesem Tag waren beeindruckend positiv. Im April 2015 gab es für Google Mitarbeiter und auch für externe Firmen das erste »Search Inside Yourself Leadership Training« in Hamburg. Im Herbst 2015 gab es einen weiteren Well-Being-Day mit Achtsamkeitsübungen. Die weiteren Planungen sind vielfältig und wir dürfen gespannt sein.

SAP Global Mindfulness Practice

– Bitte schildern Sie uns den Weg des Trainings der Achtsamkeit bei SAP von Beginn bis heute! Wie ist das Training ins Leben gerufen worden, wie hat es sich entwickelt?

Der Weg bei der SAP begann im Jahr 2012 als Mitarbeiterinitiative. Inspiriert durch erfolgreiche Achtsamkeitsprogramme in anderen Unternehmen, träumten einige SAP Mitarbeiter in San Francisco und Walldorf vom gleichen Ziel: Achtsamkeit in die Firma zu integrieren und dadurch die Unternehmenskultur positiv zu beeinflussen. Sie gründeten erste Meditationsgruppen und begannen mit viel Enthusiasmus und Ausdauer das Thema voranzutreiben.

Peter Bostelmann, deutscher Wirtschaftsingenieur und langjähriger Mitarbeiter der SAP im Silicon Valley spielte dabei eine Schlüsselrolle: Seine tiefe Achtsamkeitspraxis und seine Kontakte zu verschiedenen Anbietern von Achtsamkeitsprogrammen im Silicon Valley erwiesen sich als vorteilhaft. Nach der Evaluierung der Anbieter fiel die Wahl auf das »Search Inside Yourself (SIY)« Programm. Ausschlaggebend dafür war die langjährige Erfahrung der SIY-Lehrer im Unterrichten von Achtsamkeit sowie deren Programm, das auf neurowissenschaftlichen Erkenntnissen und einer ethischen Grundhaltung basiert. Wichtig waren außerdem die Möglichkeit einer globalen Einführung, eines Lehrertrainings und Erfolge in einer der SAP ähnlichen Kultur.

Führungskräfte bei SAP in den USA und Deutschland zeigten sich anfänglich zwar interessiert, aber doch skeptisch, ob dieses neuartige Training für achtsamkeitsbasierte emotionale Intelligenz bei der SAP auf größeres Interesse bei den Mitarbeitern stoßen würde. Einen ersten positiven Indikator gab ein Podiumsvortrag des Search Inside Yourself Leadership Instituts (SIYLI) bei SAP im Silicon Valley im Mai 2013, der auf sehr reges Interesse bei den Mitarbeitern stieß.

Ab Juli 2013 folgten erste lokale SIY-Pilottrainings im Silicon Valley, deren durchweg positive Ergebnisse den Weg zu weiteren SIY-Pilottrainings 2014 in Deutschland ebneten. Die qualitative und quantitative Evaluierung dieser Trainings zeigte noch bessere Ergebnisse, Mitarbeiter und Führungskräfte waren begeistert und das Interesse innerhalb und außerhalb der SAP wuchs.

Basierend auf diesen Erfolgen und der Einsicht, dass Achtsamkeit die emotionale Intelligenz stärkt, die wiederum durch die Steigerung von Motivation, Jobzufriedenheit und Führungsqualitäten die Unternehmensziele unterstützt, wurde aus der Graswurzelinitiative ein zentral gefördertes Programm – verankert in SAPs Learning Center of Excellence. Peter Bostelmann wurde auf die neue Stelle des »Director of SAP Global Mindfulness Practice« berufen.

Der nächste Meilenstein war das SAP interne Lehrertraining. In der ersten Welle wurden 10 Mitarbeiter von verschiedenen Standorten als SIY-Trainer ausgebildet, wodurch das SIY-Training weltweit für viele Mitarbeiter angeboten werden konnte. Andreas Mohr gehört zum Kernteam der ersten SAP internen SIY-Trainer, die sehr erfolgreich in Deutschland und Europa das Programm aufbauen und vorantreiben.

Ferner bilden sie das Herz der SAP Mindfulness Community, einem der Schlüsselfaktoren für den großen Erfolg der Mindfulness Practice. Die SIY-Trainer und viele weitere lokale, freiwillige Helfer (Mindfulness Ambassadors) treiben das Thema Achtsamkeit bei der SAP voran und ermöglichen lokale Angebote zum Praktizieren und Vertiefen von Achtsamkeit im Firmenalltag.

Die Zahlen sprechen für sich: Ende 2015 haben mehr als 1.600 Mitarbeiter an über 20 SAP Standorten in 14 Ländern das SIY-Training besucht, mehr als 3.700 weitere stehen bereits auf Wartelisten. An 15 Standorten gibt es Mindfulness Communities mit lokalen Praxisgruppen.

– Welche Gründe gab es dafür, das Achtsamkeitstraining nicht im Rahmen des Gesundheitsmanagements, sondern im Learning anzusiedeln?

Achtsamkeit ist bei SAP natürlich auch im Gesundheitsmanagement als elementarer Pfeiler angesiedelt. Die erwiesenermaßen positiven Aspekte von Achtsamkeit sind ein wichtiger Baustein für die Gesundheit der Mitarbeiter und der Organisation.

Es geht jedoch darüber hinaus: Die Vorteile von Achtsamkeit nur auf Gesundheit und Wohlbefinden zu richten, wäre zu kurz gegriffen. Mitarbeiter die sich gesund fühlen, aber ihr eigenes Potenzial stärken wollen, profitieren ebenfalls von Achtsamkeit und emotionaler Intelligenz. Teilnehmer berichten (und Studien belegen das) von mehr

Zufriedenheit und Sinnhaftigkeit, einer Zunahme an Kreativität und Fokussiertheit sowie besserer Kommunikation und Zusammenarbeit. SAPs Learning Center of Excellence ist die Stelle, an dem dieses Angebot zur Entwicklung von persönlichen und beruflichen Kompetenzen am besten bereichsübergreifend angesiedelt ist.

Das Programm ist ein großartiges Beispiel für SAPs innovative Unternehmenskultur und Werte. Mit diesen neuartigen, mentalen Trainings auf Basis von Achtsamkeit und Selbst-bewusstsein hilft SAP das Leben der Menschen zu verbessern.

– Wie sieht die Unternehmensleitung / oberste Führungsebene das Achtsamkeitstraining? Wird dieses Programm überhaupt wahrgenommen und wenn ja, wie?

Die große und sehr positive Resonanz des Programms weltweit wird von unserem Vorstand und der obersten Führungsebene wahrgenommen und unterstützt.

Das Programm ist verankert und priorisiert im globalen Angebot unseres Learning Center of Excellence. Die Leiterin, SAPs Chief Learning Officer Jenny Dearborn und Wolfgang Faßnacht, Personalleiter Deutschland sind starke Befürworter des Achtsamkeitsprogramms der SAP und haben das auch öffentlich zum Ausdruck gebracht: Jenny Dearborn u. a. in ihrem Beitrag »4 Steps to Making Mindfulness Work in Business« in der Huffington Post [Link: http://www.huffingtonpost.com/jenny-dearborn/4-steps-to-making-mindful_b_7640508.html] und Wolfgang Faßnacht in einem Interview mit dem Schweizer Fernsehen. [Link: http://www.srf.ch/play/tv/sternstunde-philosophie/video/matthieu-ricard---vom-wissenschaftler-zum-buddhistischen-moench?id=bf909673-a3e0-4329-887c- c1b9739f3b5b#t=5 - SAP Beitrag: Minuten 40:00 - 44:40].

– Welche Wirkungen / Ergebnisse sind auffällig? Hat sich die Führung verändert? Gibt es Aussagen von Führungskräften oberer Ebenen?

Die spürbaren Verbesserungen vor allem in Bezug auf die Sinnhaftigkeit der Arbeit, Kreativität und Fokussiertheit sind alles Kompetenzen, die für ein innovatives, zielgerichtetes Unternehmen entscheidend sind. Es ist noch zu früh, um beurteilen zu können, inwieweit sich das auf die Führungsebenen auswirkt, aber es gibt viele positive Rückmeldungen sowohl von Mitarbeitern als auch von Führungskräften.

–   Ist eine Veränderung der Unternehmenskultur aus Ihrer Sicht möglich? Im Sinne von: Je mehr Abteilungen und Ebenen achtsamer werden, desto mehr ändert sich die Kultur des Unternehmens …

Die umfassenden Veränderungen der Arbeitswelt (Digitalisierung, Individualisierung, Konnektivität, Globalisierung, u. a.) machen auch vor der SAP nicht Halt. Achtsamkeit unterstützt den Umgang mit dem Wandel bei gleichzeitigem Wohlbefinden der Mitarbeiter und hilft so, die gute Unternehmenskultur der SAP weiter zu verbessern.

Wir beobachten ein großes Interesse vieler Mitarbeiter; die Summe deren Haltungen und Handlungen führt dadurch zur Veränderung der Unternehmenskultur. Und es gibt Studien die nahelegen, dass Menschen mit hoher Achtsamkeit mit einer größeren Wahrscheinlichkeit ethischer handeln als andere, z. B. die Studie »In the Moment: the Effect of Mindfulness on Ethical Decision Making« [Link: http://opim.wharton.upenn.edu/risk/library/WPAF2010-07-02_NR, MS.pdf].

Das Interview wurde geführt mit Andreas Mohr, SAP Global Mindfulness Practice Team, Walldorf, Deutschland und Peter Bostelmann, Director SAP Global Mindfulness Practice, San Francisco, USA.

Kapitel 4: Achtsamkeit und Meditation – Forschungsergebnisse

Wie Achtsamkeit unser Gehirn verändert: Jeder Gedanke, den wir denken, hat Auswirkungen auf unser Gehirn. Alles, was durch unseren Geist strömt, hinterlässt Spuren und formt und verändert unser Gehirn.

Beispielsweise entwickeln Taxifahrer in London – deren Tätigkeit das Merken zahlreicher kurvenreicher Straßen erfordert – einen größeren Hippocampus (eine für die Schaffung visuell-räumlicher Erinnerungen wesentliche Gehirnregion), da dieser Teil des Gehirns ein Extratraining erhält (Maguire et al. 2000). Wenn Sie ein glücklicher Mensch werden, nimmt die Aktivität der linken Frontalregion Ihres Gehirns zu, schreiben Rick Hanson und Richard Mendius in ihrem Buch »Das Gehirn eines Buddha«.

Das Wissen um die Fähigkeit unseres Gehirns, sich bis ins hohe Alter zu verändern, auch Neuroplastizität genannt, ist noch recht jung. Dieses Wissen gibt uns die Zuversicht und die Motivation, diese Veränderungen selbst aktiv herbeiführen zu können. Wir haben die Möglichkeit, die alten Autobahnen unserer Gewohnheitsmuster durch neue Wege und Straßen im Gehirn zu ersetzen, indem wir bewusst unsere Motivation, Gedanken und Aktivitäten verändern.

Die Studien zur Erforschung der Auswirkungen von Meditation und Achtsamkeitspraxis auf die Praktizierenden sind seit dem Jahr 2000 sprunghaft angestiegen und erhalten eine erhöhte Aussagekraft durch die Nutzung bildgebender

Verfahren (z. B. MRT – Magnetresonanztomografie). Besonders das von Jon Kabat-Zinn Ende der 1970er-Jahre entwickelte Programm MBSR (Mindfulness-based Stress Reduction) wurde in einer ganzen Reihe von klinischen Studien auf seine Wirksamkeit überprüft.

Im Folgenden geben wir Ihnen eine Zusammenfassung der Ergebnisse von Studien, die sich alle mit der Wirkung von Meditation und Achtsamkeit befasst haben.

Default-Mode-Netzwerk: Forscher in den USA haben festgestellt, dass das Gehirn in den Zeiten, in denen es nicht beansprucht wird, besonders aktiv ist. In diesen Zeiten sind andere Gehirnregionen aktiv als in Zeiten, in denen wir uns bewusst mit einer bestimmten Aufgabe beschäftigen. In dieser Zeit ist das Gehirn mit Tagträumen beschäftigt, verarbeitet Erlebtes und strukturiert um. Während dieser Innenschau beschäftigen wir uns mit uns selbst, analysieren und bewerten Vergangenes, planen Zukünftiges und setzen uns mit unserer sozialen Umwelt auseinander. Es tauchen Gedanken und Bilder auf, die wieder verschwinden oder von anderen Gedanken und Bildern abgelöst werden. Wir simulieren Situationen, spielen Varianten für unsere Zukunftsplanung durch, versetzen uns in andere Menschen und analysieren ihr Verhalten. Diese Fähigkeit unseres Gehirns kann sehr hilfreich sein, wenn wir aus Fehlern lernen und mögliche Risiken durchspielen können.

Je nach unserer Verfassung kann dieser Strom an Gehirnaktivitäten unterschiedliche Qualitäten haben. Russ Harris drückt es wie folgt aus: »Unser denkendes Ich ist ein wenig wie ein Radio, das ständig im Hintergrund spielt. Die meiste Zeit ist es der »Ojemine«-Sender, der 24 Stunden am Tag negative Geschichten sendet. Er erinnert uns an schlimme Dinge aus unserer Vergangenheit, warnt uns vor schlechten

Dingen, die auf uns zukommen und hält uns regelmäßig auf dem Laufenden über alles, was mit uns nicht stimmt«. Gerade bei Routinetätigkeiten läuft dieses Radio, für das es keinen Abschaltknopf gibt, ständig und lenkt unsere Aufmerksamkeit von dem ab, was wir gerade tun. Wir sind im Autopiloten-Modus, und wenn der Strom unserer Gedanken vorwiegend düster ist, dann kann unsere Lebensqualität darunter deutlich leiden.

Die Meditation unterstützt uns dabei, dieses Default-Mode-Netzwerk zu hemmen, wieder in den gegenwärtigen Augenblick zurückzukehren und die Aktivität in den betroffenen Gehirnregionen zu reduzieren.

Aufmerksamkeit, Konzentration und Gedächtnis: Bei der Meditation geht es zu Beginn in erster Linie darum, die Aufmerksamkeit auf ein Objekt, zumeist den Atem, zu lenken und dort zu belassen bzw. sie immer wieder zum Atem zurückzuholen, wenn z. B. Gedanken oder Geräusche die Aufmerksamkeit ablenken. Verschiedene Studien belegen, dass durch Meditation die Fähigkeit, seine Aufmerksamkeit zu konzentrieren, gesteigert wird. Es wurde nachgewiesen, dass während der Achtsamkeit auf den Atem verstärkte Aktivität im anterioren cingulären Cortex stattfindet. Dieser Teil des Gehirns befindet sich im vorderen Bereich direkt hinter der Stirn und ist u. a. an der Steuerung von Aufmerksamkeitsprozessen beteiligt. Deshalb wird vermutet, dass die Aktivität dort auf die Fähigkeit hindeutet, Störreize zu erkennen und auszublenden.

Nach einem achtwöchigen Achtsamkeitstraining konnte im Vergleich zu einer Kontrollgruppe bei der Achtsamkeitsgruppe eine signifikant höhere Konzentrationsfähigkeit nachgewiesen werden. Schon nach wenigen Wochen Achtsamkeitsmeditation zeigte sich eine deutliche Leistungssteigerung bei allen kognitiven Tests, die unter Zeitdruck durchgeführt wurden und somit mit Stress verbunden waren.

Körperwahrnehmung und Intuition: Eine zentrale Rolle in Programmen zur Stressbewältigung durch Achtsamkeit spielt die Veränderung der Wahrnehmung des eigenen Körpers. So nimmt z.B. in den ersten vier Wochen eines MBSR-Kurses die Körperwahrnehmung einen großen Raum ein. Je besser die Körperwahrnehmung ausgeprägt ist, umso eher werden auch emotionale Zustände bemerkt, die sich zuerst in Körpersignalen zeigen. Körperwahrnehmungen werden im vorderen Inselcortex der rechten Gehirnhälfte repräsentiert. Forscher haben festgestellt, dass durch ein Achtsamkeitstraining die Teilnehmer die unterschiedlichen Aspekte von Selbstwahrnehmung klarer voneinander trennen und einen besseren Zugang zu ihrem momentanen Befinden hatten.

Eine vertiefte Körperwahrnehmung ist Teil der emotionalen Intelligenz und beeinflusst unsere gesamten Erlebens- und Denkprozesse, unsere intuitive Wahrnehmung und daraus folgende Handlungskompetenzen. Meditation fördert den Zugang zur Weisheit unseres Körpers und unserer Intuition und lässt uns dieser vertrauen. So hat man in Studien festgestellt, dass Meditierende davon berichten, sich in ihrer Mitte zu fühlen und bei sich zu sein.

Emotionsregulation: Teilnehmer unserer Kurse und Seminare berichten immer wieder davon, dass sie mit schwierigen Emotionen durch die Praxis der Achtsamkeit besser umgehen können. Gerade Ängste und Trauer können sich durch Unterdrückung oder negative Bewertungsprozesse zu psychischen Störungen entwickeln, zu Panikattacken oder Depressionen.

Die Achtsamkeit unterbricht die alten Reiz-Reaktionsmuster, indem z.B. die Identifikation mit den persönlichen Bewertungsmustern aufgegeben wird und die Tendenz zu bewerten abnimmt. In einer Studie wurde belegt, dass Meditierende besser in der Lage sind, ihr vegetatives Belastungsniveau zu senken, und in schwierigen Situationen mit Ruhe und Gelassenheit reagieren. In dieser Studie wurde auch nachgewiesen, dass bei Meditierenden die graue Substanz im Hippocampus größer ist. Der Hippocampus gehört zum limbischen System, das zum einen eine wichtige Rolle bei der Beurteilung von Situationen spielt und zum anderen auch die emotionalen Reaktionen beeinflusst. Mehr graue Substanz in diesem Bereich des Gehirns kann dazu führen, dass Situationen differenzierter wahrgenommen werden und Emotionen besser kontrolliert werden können.

Nachgewiesen wurde auch, dass die Dichte der Nervenzellen im orbitofrontalen Cortex, der hinter der Stirn liegt, bei Menschen mit Meditationserfahrung höher war. In dieser Region, in der Emotions- und Impulskontrolle stattfindet, ist die Veränderung von emotionalen Reaktionen zu erkennen.

In einem anderen Bereich des limbischen Systems, der Amygdala (Mandelkern), werden Situationen emotional eingeschätzt. Dies spielt eine zentrale Rolle bei der Entstehung von schwierigen Emotionen, wie Angst oder Wut. In einer Studie wurde nachgewiesen, dass durch ein Achtsamkeitstraining und die Reduktion des Stresspegels eine Abnahme der Nervenzellendichte im rechten Mandelkern erfolgte, was auf die Fähigkeit zur Emotionsregulation hindeutet.

Die dargestellten Forschungsergebnisse stellen eine wissenschaftliche Begründung für die Veränderungen dar, die auch die Teilnehmer unserer Kurse und Seminare immer wieder schildern. Sie machen die Erfahrung, sich besser konzentrieren zu können, auch in schwierigen Situationen ruhig und gelassen zu reagieren, mit schwierigen Gefühlen besser umgehen zu können, und sich selbst freundlich und annehmend zu begegnen.

Mitgefühl: Doch die Meditation hat noch weitere Auswirkungen. Meditierende entwickeln Wohlwollen anderen gegenüber und sind in der Lage, anderen mit Mitgefühl zu begegnen. Sie entwickeln einen bewussten und freundlichen Zugang zu sich selbst, sie lernen sich selbst kennen und vor allen Dingen lernen sie auch sich selbst zu akzeptieren. Dies wiederum erhöht das Gefühl der Verbundenheit und des Mitgefühls für andere Menschen.

In verschieden Studien wurde herausgefunden, dass Meditierende eher mit Zuwendung und Fürsorge auf die Not anderer Menschen reagieren als eine Kontrollgruppe. Forscher konnten zeigen, dass durch Meditation die Aktivität von Gehirnregionen verstärkt wird, die mit positiven Emotionen, einem Gefühl der Verbundenheit und Belohnung assoziiert sind. Positive Emotionen können durch Meditation gezielt gefördert werden und die Motivation zu prosozialem Verhalten erhöhen.

Der Physiker und Philosoph Carl Friedrich von Weizsäcker hat gesagt: »Man wird durch die Meditation kein anderer, sondern der, der man immer gewesen ist.«

Kapitel 5:
Achtsamkeit & MBSR

(Mindfulness-based Stress Reduction/ Stressbewältigung durch Achtsamkeit nach Jon Kabat-Zinn)

Ende der 1970er Jahre hat Jon Kabat-Zinn an der Medical School der University of Massachusetts einen Kurs zur Stressbewältigung konzipiert, der sich auf seine eigenen positiven Erfahrungen mit Meditation und Yoga gründete. Das achtwöchige Trainingsprogramm mit einem wöchentlichen Treffen von zweieinhalb Stunden in einer Gruppe basiert auf dem systematischen Üben von Achtsamkeit, einer Form der Meditation, die aus der buddhistischen Tradition entsprang. Jon Kabat-Zinns Verdienst ist u. a., diese Form der Meditation in einen weltanschaulich neutralen Zusammenhang gebracht zu haben. Beim Üben der Achtsamkeit geht es darum, den Moment wahrzunehmen und seine Aufmerksamkeit immer wieder auf das zu richten, was wir tun, empfinden, denken und fühlen.

Drei wesentliche Übungen machen dieses Programm aus:
- Body Scan – Während des Body Scans werden die Teilnehmer durch ihren Körper geführt, um alle Empfindungen in den verschiedenen Bereichen des Körpers wahrzunehmen, ohne sie zu bewerten und ohne etwas anders haben zu wollen. Dabei wird ein feineres Körperbewusstsein entwickelt und die

Teilnehmer kommen mit sich selbst tiefer in Kontakt.
Dies ermöglicht es, zunehmend wach und präsent im
alltäglichen Leben zu sein und sich für alle Facetten und
Erfahrungen unseres Daseins zu öffnen, ganz gleich,
ob die Erfahrung angenehm oder unangenehm ist. Der
Body Scan ist keine Entspannungsübung, man darf
sich so fühlen, wie man sich gerade fühlt. Wenn dabei
eine tiefe Entspannung erfahren wird, was natürlich
vorkommen kann, dann nimmt man auch das als eine
Erfahrung.

■ Körperübungen (z. B. Yoga) – Die Körperübungen
bestehen aus einfachen Hatha Yoga-Haltungen, die
achtsam und mit Aufmerksamkeit auf den Atem
ausgeführt werden. Sie sind leicht zu erlernen und
werden auf eine sanfte Art ausgeführt. Auch bei den
Körperübungen geht es darum, den Moment mit all
seinen Facetten wahrzunehmen und ein Gefühl für
seine momentanen Grenzen zu entwickeln und diese
zu akzeptieren. Damit verbunden ist eine Haltung von
Wertschätzung für den eigenen Körper und für die
»Botschaften«, die er mitteilt, wann es z. B. Zeit ist,
eine Übung zu beenden oder wann es besser ist, eine
Übung vielleicht ganz auszulassen, wenn die momentane
Befindlichkeit das nahelegt.

■ Meditation – Bei der Meditation haben wir die
Möglichkeit, aus dem ständigen Gedankenkarussell
herauszutreten und sich mit dem Augenblick wieder
in Kontakt zu bringen. Die Konzentration auf den
Atem stellt die einfachste und zugleich wirkungsvollste
Art dar, um für einen längeren Zeitraum Achtsamkeit
zu üben. Wenn wir uns auf den Atem konzentrieren,
erleben wir den Augenblick so, wie er ist. Wir erleben,
dass unser Leben aus lauter Augenblicken besteht, die

sich aneinanderreihen, die einzigartig und vergänglich
sind. Der Atem lehrt uns auch loszulassen und uns dem
ständigen Kommen und Gehen anzuvertrauen. Der Atem
spiegelt uns immer wieder unser momentanes Befinden
wieder. Er ist ruhig und gleichmäßig, wenn wir entspannt
sind, und beschleunigt sich, wenn wir unruhig sind.

In allen Übungen stärken wir die Fähigkeit, unsere Aufmerksamkeit immer wieder in den gegenwärtigen Moment zu holen, dabei freundlich und sanft mit uns selbst umzugehen
und alle Bewertungen so gut es geht loszulassen.

Jeder Kurstermin beinhaltet ein Thema. Dabei geht es weniger darum, theoretisches Wissen anzusammeln, sondern
eigene Erfahrung zu sammeln, sich selbst zu spüren und Gedanken, Gefühle, Handlungsimpulse und Kommunikationsmuster wahrzunehmen.

Woche 1 – Achtsamkeit

■ Die größte Herausforderung zu Beginn des Kurses ist
  es, Erwartungen auf eine schnelle Entspannung und
  Veränderung loszulassen und sich auf eine Reise zu sich
  selbst zu begeben, bei der nicht das Ziel, sondern jeder
  Schritt auf dem Weg entscheidend ist. Wohlwollendes
  Annehmen der eigenen Person, Geduld zu haben mit
  dem wandernden Geist und sich immer wieder freundlich
  in den Moment zu holen macht den ersten Kurstermin
  und die erste Übungswoche zu Hause mit dem Body
  Scan aus. Es geht darum, nichts erreichen zu müssen
  und zu akzeptieren, was immer an Erfahrungen mit dem
  Body Scan gemacht wird. Die freundliche Zuwendung,
  die wir uns beim Body Scan zukommen lassen, lässt
  uns unerwartete Entdeckungen machen, die wir nur
  wahrnehmen, wenn wir uns dem Moment zuwenden.

Woche 2 – Wie wir die Welt wahrnehmen

- In der zweiten Kurswoche machen wir uns bewusst, dass alle Erfahrungen, die wir im Kontakt mit unserer Umwelt machen, ganz individuell und gefärbt sind durch den Hintergrund unserer lebenslangen Erfahrung. Wir meinen, was wir wahrnehmen, ist die Wahrheit, doch die Wahrnehmung der objektiven Wahrheit läuft durch eine Reihe von Filter, sodass unsere ganz persönliche Sicht und Interpretation der Wahrheit entsteht. Wir erkennen, dass wir unsere Möglichkeiten oft selbst begrenzen und dass es gleichzeitig die Möglichkeit gibt, den Deckel der engen Kiste, in der wir sitzen, zu öffnen, um unsere Perspektiven zu erweitern.
- In dieser Woche wird die Atemmeditation praktiziert. Die Verbindung mit dem Atem holt die Teilnehmer in den Moment, raus aus dem Gedanken-Surfen in Vergangenheit und Zukunft. Viele Teilnehmer empfinden den achtsamen Kontakt mit dem eigenen Atem als wohltuend und hilfreich, um aus Gedankenschleifen auszusteigen und den gegenwärtigen Moment zu erfahren.

Woche 3 – Im Körper beheimatet sein

- In dieser Woche werden die sanften Yogaübungen eingeführt und der Körper wird nach dem Body Scan auch in Bewegung erkundet. Dabei geht es nicht darum, die Übungen perfekt auszuführen. Es geht vielmehr darum, den Körper in seiner Ganzheit mit allen Möglichkeiten und allen Grenzen zu erfahren und anzunehmen. Die Yoga-Übungen ermöglichen auch die Entdeckung, dass mit uns mehr in Ordnung ist, als wir meinen, wenn wir unseren Blick auf den Körper als Ganzes richten. Die Körperwahrnehmung wird weiter geschult, wir nehmen unterschiedliche Stufen von Intensität wahr, wie Empfin-

dungen entstehen, sich verändern und wieder vergehen.
Gerade Menschen mit Schmerzen erleben eine neue Beziehung zum Schmerz, werden annehmender und erfahren den Schmerz oft weniger intensiv.

Woche 4 – Stress mit Achtsamkeit begegnen
- Unsere eigenen Stressmuster erkennen, die Endlos-
  schleifen, die wir immer wieder durchlaufen, wahrzunehmen, ist der erste Weg zur Veränderung. In dieser
  Woche schauen wir uns an, was uns Stress macht und wie
  sich Stress auslösende Situationen auf unser gesamtes System, Körper, Gedanken, Gefühle und Handlungen auswirkt. Dabei geht es auch darum, unsere Reaktionen zu
  akzeptieren und den Körper als Frühwarnsystem anzuerkennen, um bewusst in solchen Situationen zu handeln,
  indem wir den Raum zwischen Reiz und Reaktion entdecken. Die Meditation wird in dieser Woche erweitert
  auf die Wahrnehmung von Körperempfindungen, um die
  Sensibilität dem Körper gegenüber weiter auszubauen.

Woche 5 – Umgang mit schwierigen Gedanken
- In die Meditation werden ab der fünften Woche Geräusche, Gedanken und Gefühle mit einbezogen, um diese
  zunächst zu beobachten, dann loszulassen und im offenen Gewahrsein zu verweilen. Dabei richtet sich die Aufmerksamkeit nicht auf ein bestimmtes Objekt, sondern
  nimmt von Moment zu Moment wahr, was auftaucht.
  Wir erfahren, dass alle Phänomene, der Atem, Gedanken, Körperempfindungen, Gefühle, Geräusche kommen
  und gehen, wenn wir sie einfach nur beobachten.
- In dieser Woche gilt es zu entdecken, wie auftauchende
  Gedanken Stress auslösen und ihn noch erhöhen, wenn
  wir um Ereignisse und Situationen ganze Geschichten

erfinden, die bei näherer Betrachtung wenig oder
gar nichts mit der Wirklichkeit zu tun haben. Die
Teilnehmer erfahren, dass sie die Entscheidungsfreiheit
haben, welche Gedanken sie weiter verfolgen und welche
Gedanken sie ziehen lassen. Die Wahrnehmung, mehr zu
sein als die auftauchenden Gedanken, wird gerade auch
durch die Meditation unterstützt.

Woche 6 – Gefühle willkommen heißen

- In dieser Woche wird der Fokus darauf gelegt, Gefühle
  anzunehmen und sie zu untersuchen, um einen
  gesunden Umgang damit zu erlernen. Häufig reagieren
  wir auf schwierige Gefühle mit Unterdrückung und
  ignorieren sie oder machen die Erfahrung, dass Gefühle
  uns überschwemmen. Das bewusste Hinwenden zu
  unangenehmen Gefühlen und ihre Wahrnehmung auf
  der körperlichen Ebene nehmen den Gefühlen die Macht
  und lassen uns erfahren, dass wir die Identifikation mit
  Gefühlen aufgeben können. Die Erfahrung, dass auch
  unangenehme Gefühle ein Teil unseres Lebens sind,
  lassen den Kampf gegen sie schwächer werden. Die
  Achtsamkeitspraxis ermöglicht uns die Erfahrung zu
  machen, dass wir keinen Einfluss auf das Entstehen von
  Gedanken und Gefühlen haben, sehr wohl aber auf den
  Umgang mit ihnen. Die Meditationspraxis wird vertieft.

Woche 7 – Achtsame Kommunikation

- Probleme mit der Kommunikation im Job und
  Privatleben sind eine häufige Ursache für Stress. In
  dieser Woche wird der Fokus auf unser Erleben in
  schwierigen Kommunikationssituationen gelenkt. Wir
  vertiefen die bereits gemachten Erfahrungen im Umgang
  mit Körperempfindungen, Gedanken und Gefühlen,

die in solchen Situationen auftauchen. Mit sich selbst in Kontakt zu sein hilft dabei, in der Kommunikation auch den anderen wahrzunehmen und seine Sichtweisen zu respektieren. Wir lernen, dem anderen wirklich zuzuhören, nehmen unsere Reaktionen wahr und übernehmen dafür die Verantwortung.

Woche 8 – Für sich Sorge tragen

■ Am Ende des Kurses geht es darum, die Erfahrungen und Veränderungen der letzten Wochen zu reflektieren und den Transfer in den Alltag, für die Zeit nach dem Kurs, vorzunehmen. Dazu gehört auch, sich bewusst darüber zu werden, was mir wirklich guttut, welche Aktivitäten mich nähren, was mich in der Achtsamkeitspraxis unterstützt. Das kann auch bedeuten, Veränderungen im Job und in der Familie vorzunehmen und die Bedingungen zu verändern, auf die wir wirklich Einfluss haben, um ein gesünderes und erfülltes Leben zu führen.

Tag der Achtsamkeit

Nach der sechsten Woche findet der Tag der Achtsamkeit statt, ein Tag in Schweigen zur Vertiefung der Übungspraxis. Das Schweigen hilft dabei, den Geist zur Ruhe kommen zu lassen und mit anderen Menschen um einen herum einmal ganz mit sich allein zu sein. Während des gesamten Tages werden die bekannten Übungen aus dem Kurs praktiziert und es kann ein Raum entstehen für alle auftauchenden Empfindungen, Gedanken und Gefühle. Es können Erfahrungen von Stille und Klarheit gemacht werden, die nur entstehen, wenn wir den Trubel des Alltags für einige Zeit verlassen und bewusst den Kontakt mit uns selbst suchen.

Die Übungen in den Kursen und die Übungen zu Hause und der (freiwillige) Austausch der Erfahrungen nehmen einen großen Raum ein und unterstützen die Teilnehmer dabei, ihre eigenen Muster bei der Entstehung von Stress zu erkennen und zu verändern.

Die Teilnehmer werden bei der Erkenntnis unterstützt, dass die Entstehung von Stress mit uns selbst und unserer gesamten individuellen Geschichte zu tun hat. Sich dem Augenblick zuzuwenden lässt verstehen, dass wir selbst Einfluss haben auf den Umgang mit schwierigen Gedanken und Gefühlen und einen gesunden Umgang damit erreichen können. Dadurch wächst unser Verständnis für uns selbst und andere, Wohlwollen, Mitgefühl und Gelassenheit können sich entwickeln.

MBSR-Kurse und -Seminare werden mittlerweile in ganz unterschiedlichen Kontexten angeboten, vom Einsatz in Kliniken und Rehazentren, in sozialen Organisationen, offenen Kursen bis hin zu Achtsamkeitstrainings in Unternehmen. Die wissenschaftliche Begleitung von MBSR-Angeboten in den letzten 30 Jahren haben die Wirkungen auf vielfältige Stressmuster und Krankheitsbilder eindrucksvoll nachgewiesen.

Bei den vielen Achtsamkeitsformaten, die mittlerweile auf dem Markt angeboten werden, ist es hilfreich, zu überprüfen, ob das jeweilige Angebot auf MBSR basiert und der oder die Lehrer/Trainer über eine entsprechend zertifizierte Ausbildung und eine eigene langjährige Achtsamkeitspraxis verfügen. Auf den Seiten des MBSR-Verbandes finden Sie Lehrende und deren Angebote in Ihrer Nähe.

Säulen der Achtsamkeit

In der Praxis der Achtsamkeit kultivieren wir verschiedene innere Haltungen, die von Jon Kabat-Zinn als »Säulen der

Achtsamkeit« bezeichnet werden. Diese inneren Haltungen
ebnen den Weg zu mehr Ruhe und Gelassenheit und zum Erleben von Freude und Dankbarkeit.

Nicht-Beurteilen

Fortwährend bewerten wir unsere Wahrnehmungen und Erfahrungen, vergleichen sie mit anderen Erfahrungen und mes-
sen sie an Erwartungen und Maßstäben, die durch unsere Er-
ziehung und durch all das, was wir in unserem Leben erfahren
haben, entstanden sind. Wir haben das Bewerten so verin-
nerlicht, dass wir oft übersehen, dass unsere Bewertung sub-
jektiv ist, dass sie nicht auf Wissen beruht, sondern lediglich
unsere veränderliche, relative Sichtweise der Dinge darstellt,
da unser Verstand immer nur einen Teilbereich einer Sache
erfassen kann. Alle Erfahrungen unterliegen einem Bewer-
tungsschema, das diese mit dem Urteil »angenehm«, »unangenehm« oder »neutral« versieht. Wenn wir etwas als angenehm
bewerten, dann mögen wir es und möchten diese Erfahrung
am liebsten festhalten. Unangenehme Erfahrungen mögen wir
nicht und wollen sie am liebsten so schnell wie möglich loswerden. Jeder Mensch erschafft so seine eigene Wirklichkeit.
Da wir unsere Wirklichkeit als Realität ansehen, bewerten wir
andere Menschen und Situationen nach diesen Maßstäben,
was nicht selten zu Konflikten mit anderen führt, die ja ebenso aus ihrer Wirklichkeit heraus argumentieren.

Unsere Bewertungen fließen ein in ein Konzept, in eine relativ starre Vorstellung, die wir von etwas – einer Person, einer Sache, uns selbst – haben. Konzepte sind einerseits etwas
Nützliches und helfen uns dabei, in der Welt zurechtzukom-
men. Andererseits können Konzepte die Dinge nie zur Gänze
erfassen, da ihnen immer ein Standpunkt und die damit ver-
bundene Erfahrung zugrunde liegt. Wenn dieser Standpunkt
von Ängsten oder Wünschen besetzt ist, wird das Konzept

dementsprechend eingefärbt und verzerrt. So beruhen unsere Konzepte auf begrenztem Wissen und Verallgemeinerungen und sind zudem recht starr. Im Laufe unseres Lebens erschaffen wir so Schublade um Schublade, in die wir unsere Erfahrungen einsortieren. Das führt zu Ansichten und Vorstellungen, die uns in unseren Möglichkeiten, uns und die Welt zu begreifen, eingrenzen und beschränken. Und das wiederum führt dazu, dass wir unreflektiert reagieren und uns jede Objektivität abhanden kommt. Wir sehen die Dinge nicht so, wie sie wirklich sind, sondern wir sehen unsere Konzepte von den Dingen. Kurzum: Wir sehen die Welt so, wie wir sind.

Sie haben vielleicht schon einmal erlebt, dass Sie eine Entscheidung eines Vorgesetzten oder der Geschäftsleitung stark kritisiert haben und dabei einige Kollegen als Verbündete gewinnen konnten. Später haben Sie dann erfahren, dass es gute Gründe für die Entscheidung gab, die Sie aber zu dem Zeitpunkt nicht kannten. – Wir hören auf zu (be-)urteilen, wenn wir akzeptieren, dass wir nur einen Teil der Wirklichkeit kennen und überblicken. Die Praxis der Achtsamkeit lässt uns innerlich einen Schritt zur Seite treten, um den ständigen Strom wertender Gedanken zu erkennen. Uns wird dann klar, dass ein großer Teil unseres Stresses entsteht, weil wir eine bestimmte Vorstellung kultivieren, wie etwas sein soll. Wir erkennen, dass wir die Welt durch einen Schleier von Vorurteilen und Ängsten sehen, und können daran gehen, unsere Identifikation mit den Konzepten und Gedanken aufzugeben und die Welt so zu akzeptieren, wie sie ist.

Geduld

Geduld ist eine Eigenschaft, die in der Praxis der Achtsamkeit immer wieder auf eine harte Probe gestellt wird. Doch gerade Geduld ist ein Wegweiser für die Achtsamkeit. Dadurch, dass wir vom ständigen Tun, Antreiben, Machen, um etwas Bestimmtes zu erreichen, nach und nach zur Erkenntnis kommen, dass die Dinge sich entwickeln. Wir erkennen, dass wir viel weniger Einfluss haben, als wir meinen, und dass sich die Dinge auf ihre eigene Art und Weise zu ihrer Zeit entfalten. Wenn wir genau hinschauen, bemerken wir, dass sich unter unserer Ungeduld oft Wut verbirgt.

Geduld hat damit zu tun, freundlich zu sich selbst zu sein. Wenn Sie geduldig sind, nehmen Sie sich an die Hand, sehen, dass es vollkommen normal ist, wieder und wieder in Gedanken abzuschweifen, und beginnen wieder von vorne. Auf welche Weise wir dem jetzigen Moment begegnen, bestimmt, wie der nächste Moment wird. Das Innehalten in der Meditation und das Wahrnehmen unseres Atems und Körpers lässt allmählich Geduld entstehen. Und wenn dabei Ungeduld aufkommt, gibt es nur eine Option, die einen wirklich weiterbringt, nämlich, ihr so geduldig und freundlich wie möglich zu begegnen.

Wenn Sie beim Verspüren von unangenehmen Gefühlen oder Empfindungen Geduld üben und das Unangenehme unangenehm sein lassen, erweitern Sie ganz allmählich Ihre Toleranz und Fähigkeit, mit den Dingen zu sein. Das hat nichts mit Zähne zusammenbeißen zu tun, sondern es handelt sich vielmehr um die weise Erkenntnis, dass das Gras nicht schneller wächst, wenn man daran zieht, wie ein chinesisches Sprichwort sagt.

Anfängergeist

Der momentane Augenblick ist alles, was wir haben. Und doch stülpen wir dem Augenblick unsere Vorstellung über, wie er aus unserer Sicht sein sollte, und verpassen auf diese Weise den Reichtum, der jedem Augenblick innewohnt. Sobald wir einer Erfahrung den Stempel »Kenne ich schon!« aufdrücken, steigen wir aus dieser Erfahrung aus und nehmen uns die Möglichkeit, etwas Neues zu erleben. Das ist der Weg in die Routine, die uns starr werden lässt, sowohl bei unserer Arbeit als auch in Beziehungen.

Stellen Sie sich vor, Sie treffen Ihren besten Freund und lassen innerlich alles los, was Sie an Erfahrungen, Urteilen und Konzepten über diesen Menschen im Kopf haben. Sie schaffen innerlich eine weiße Leinwand, auf der dieser Mensch, der Ihnen gegenübersitzt, sich entfaltet. Sie werden staunen, wenn Sie erkennen, dass die Ihnen so vertraute Person ganz andere Seiten und Nuancen offenbart, als Sie bisher wahrgenommen haben. In der Praxis der Achtsamkeit lassen wir unsere Konzepte nach und nach los und sehen die Welt wieder mit den Augen eines »Anfängers«, so, als würden wir die Erfahrung zum ersten Mal machen. Je mehr wir unsere Konzepte loslassen können, desto klarer erkennen wir, was unsere Konzepte vorher verdeckt haben. Dieser Anfängergeist bringt uns in lebendigen Kontakt mit der Welt, mit den Menschen und mit uns selbst.

Vertrauen

Auch in der Praxis der Achtsamkeit stimmt die Aussage, dass Vertrauen der Anfang von allem ist. Sie müssen natürlich nicht alles glauben, was hier steht oder was in einem Achtsamkeitstraining postuliert wird. Bleiben Sie kritisch und erkennen Sie für sich selbst, was Sie für richtig halten. Gleichwohl ist es hilfreich, erst einmal zu vertrauen, sich einzulassen und offen zu sein für neue Erfahrungen, damit die Übungen in diesem Buch einen Nutzen für Sie haben können. Denn wenn Sie immer wieder den Sinn des Übens hinterfragen, werden Sie damit schwerlich die gewünschten Resultate erzielen. Üben Sie dagegen vertrauensvoll, ohne auf ein Resultat fixiert zu sein, können Sie davon ausgehen, dass sich der erhoffte Erfolg einstellen wird.

Häufig glauben wir lieber Autoritäten, anstatt in uns hin-
einzuhorchen und zu spüren, was uns der Körper und die eigene Intuition mitteilen wollen. Jeder noch so gute Ratgeber,
jeder noch so gute Lehrer kann nur eine Tür öffnen. Den Weg
hindurch finden Sie dann, wenn Sie Vertrauen entwickeln –
in die eigenen Fähigkeiten, in die eigene Intuition und in ein
grundlegendes inneres »Ganz-Sein«. Die Meditation hilft uns
dabei, in einen guten Kontakt mit uns selbst zu treten und die
eigenen Fähigkeiten zu erkennen und ihnen zu vertrauen.

Nicht-Greifen

Teilnehmer unserer Kurse fragen manchmal schon am ersten Abend, wie lange es denn dauert, bis sie endlich entspannt sind. Doch gerade das Greifen nach der Entspannung, das Warten darauf, ist der sichere Weg, Entspannung
nicht zu erfahren. Alle Übungen, die wir Ihnen anbieten, haben eines gemeinsam: Es geht darum, vom Tun-Modus in
den Sein-Modus zu wechseln, eben nichts zu tun, kein Ziel
zu haben, nichts erreichen zu wollen, sondern einfach nur
die Erfahrung des gegenwärtigen Moments zu erleben. Wir
meditieren nicht, damit wir entspannt werden, wir meditieren, weil wir uns gestresst fühlen, weil wir unruhig sind. Auf
die Entspannung zu schielen bedeutet, den momentanen Zustand abzulehnen und genau das verursacht unseren Stress.
Achtsam sein und Nicht-Greifen bedeutet, mich nicht mit
dem momentanen Gedanken oder Gefühl zu identifizieren,
sondern es nur wahrzunehmen, einen Schritt zur Seite zu gehen oder sich selbst vom Kinosessel aus auf der Leinwand
dabei zu beobachten, wie der Gedanke oder das Gefühl versucht, von einem Besitz zu ergreifen. Aus diesem Abstand heraus erkennen wir, dass da zwar ein Gefühl von Angst, Trauer
oder Wut ist, oder auch, dass da schwierige Gedanken sind,
wir selbst aber in unserem inneren Wesenskern davon unbe-

rührt bleiben. Es handelt sich nur um ein Gefühl oder einen Gedanken, nicht um eine Tatsache.

Jeder Gedanke, jedes Gefühl kommt und geht auch wieder. Selbst wenn es etwas ist, das immer wiederkehrt, bleibt es nie gleich. Wenn wir lernen, das aus einer distanzierten Ebene heraus zu beobachten, erkennen wir, dass uns diese Dinge nicht mehr überrollen und dass wir auch nicht eins sind mit ihnen. Das schafft Freiraum und auch die Möglichkeit, unseren wahren Wert zu entdecken. Einen Wert in unserem Inneren, der uns Ruhe und Frieden schenkt. Je mehr wir in der Meditation Ziele loslassen können und uns ganz dem gegenwärtigen Augenblick hingeben, umso eher entsteht Entspannung und Ruhe in uns. Ja, das ist wirklich nicht leicht, das wissen wir aus eigener Erfahrung. Deshalb ist auch die Geduld sehr hilfreich, die unseren greifenden und wandernden Geist an die Hand nimmt und wieder in den gegenwärtigen Moment zurückholt.

Annehmen

Annehmen bedeutet, dass wir die Wirklichkeit, so wie sie ist, akzeptieren. Wir akzeptieren den cholerischen Chef, das Regenwetter im Sommer, unser Übergewicht und wir hören auf, diesen Dingen mit Widerstand zu begegnen. Je größer unser Widerstand gegen diese Realität ist und gegen unsere inneren Zustände, Gedanken und Gefühle, umso mehr spüren wir Spannung und Enge in Körper und Geist, umso mehr leiden wir. Veränderung geschieht in dem Moment, wo wir die Wirklichkeit, auch wenn sie schmerzhaft ist, annehmen. Annehmen bedeutet nicht, dass wir passiv sind und uns alles gefallen lassen. Es bedeutet vielmehr, dass wir die Realität unvoreingenommen, ohne Vorurteile und Erwartungen, akzeptieren. Aus dieser Klarheit heraus können wir der Situation angemessen handeln und daran arbeiten, sie zu verändern und z. B. unseren Job kündigen oder durch achtsames Essen ganz automatisch fünf Kilogramm abnehmen.

Wenn wir die Aufmerksamkeit immer wieder in die Gegenwart zurückbringen, beinhaltet das jedes Mal ein gewisses Maß an Offenheit. Indem wir diesen kleinen Schritt wieder und wieder tun, stärken wir eine annehmende Haltung in uns. Wir weiten die Grenzen unserer Toleranz und wachsen in Gelassenheit. Wichtig ist, dies als einen allmählichen Prozess zu verstehen. Jeder von uns macht Erfahrungen, die so unangenehm sind, dass wir sie jetzt unmöglich annehmen können. Das von sich selbst zu erwarten, erhöht nur den Druck. Ziel ist es vielmehr, den Geist immer wieder zu öffnen, hinzuspüren und ihn auf Annehmen auszurichten. Ein echtes Gefühl von Annehmen mag dann erst nach einer langen Zeit des Übens entstehen. Mit Übung ist es aber tatsächlich möglich, selbst schwierigsten Umständen – Krankheit, Verlust, chronische Schmerzen – mit annehmender Gelassenheit zu begegnen. Das Unangenehme ist dadurch nicht weg. Aber darum herum ist ein neuer Freiraum entstanden.

Gerade in der Meditation lernen wir, jeden Augenblick so anzunehmen, wie er sich zeigt, und die Annahme nicht davon abhängig zu machen, ob wir das, was wir gerade erfahren, mögen oder nicht. Wir wenden uns dem Augenblick so zu, wie er sich entfaltet. Annehmen erlaubt es uns, uns für das Leben zu öffnen, so wie es sich uns bietet – in seinem beständigen Auf und Ab, in seiner ganzen Fülle.

Loslassen

Loslassen und Annehmen sind stets miteinander verbunden wie zwei Seiten derselben Medaille. Das eine anzunehmen bedeutet immer, das andere loszulassen. So müssen wir Zukünftiges und Vergangenes loslassen, um ins Hier und Jetzt zu gelangen. Jedes Mal verabschieden wir uns dabei von Gedanken, Vorstellungen und Fantasien. Oder wir lassen unseren Widerstand gegenüber der Gegenwart los, indem wir den Wunsch aufgeben, eine Situation anders haben zu wollen – ein anderes Wort dafür ist Annehmen. So wird deutlich, dass wir Loslassen, genau wie Annehmen, nicht einfach »machen« können (im Sinne von: »Lass doch endlich mal los!«), dass wir aber Bedingungen dafür schaffen können, damit Loslassen immer öfter geschehen kann.

> *»Loslassen bedeutet, sich ganz dem Strom der Dinge von Augenblick zu Augenblick hinzugeben.«*
>
> Jon Kabat-Zinn

ACHTSAMKEITSÜBUNG

Loslassen (inspiriert von Jack Kornfield)

Nehmen Sie eine aufrechte und würdevolle Haltung ein. Spüren Sie Ihren Körper vom Kopf bis zu den Füßen. Nehmen Sie Kontakt auf zum Atem, wie der Atem in den Körper hineinströmt und wieder hinausfließt und der Atem den Körper sanft bewegt.

Dann lassen Sie sich Zeit, um Ihre Aufmerksamkeit auf eine Situation, eine Empfindung oder Reaktion zu richten, von der Sie das Gefühl haben, dass es Zeit ist, sie gehen zu lassen. Nehmen Sie sich Zeit, um dem Phänomen, dem Sie sich gerade zuwenden, einen Namen zu geben. Vielleicht ist es Trauer, Angst, ein Verlust, Eifersucht, was auch immer Sie gehen lassen möchten. Geben Sie dem, was Sie loslassen möchten, Raum, da zu sein. Lassen Sie es zu, halten Sie es voller Mitgefühl

im Gewahrsein. Spüren Sie den Atem im Körper, das Auf
und Ab. Spüren Sie, wie Sie leiden beim Festhalten an
dieser Geschichte. Vielleicht fragen Sie sich: »Muss ich
die Geschichte immer wieder durchspielen? Muss ich an
diesem Gefühl wirklich immer wieder festhalten. Ist es
nicht endlich Zeit, es loszulassen?«

Spüren Sie den Atem, das Auf und Ab, das Kommen
und Gehen, während Sie den Raum in sich öffnen, für
das, was jetzt da ist. Vielleicht spüren Sie schon etwas
Erleichterung, wenn Sie einen Raum entstehen lassen
für das, was Sie loslassen möchten. Und dann sagen
Sie sanft zu sich selbst: »Loslassen, loslassen.« Immer
wieder. Lassen Sie Ihren Körper und Ihr Herz weicher
werden und lassen Sie die Gefühle, die vielleicht aufsteigen, vorbeiziehen. Lassen Sie alle Bilder gehen, alle
Überzeugungen, alle Urteile, Gefühle von Trauer, Scham
oder was immer da ist, lassen Sie alles ziehen. Spüren
Sie den Raum, der weiter wird, während Sie alles gehen
lassen. Spüren Sie, wie es vielleicht weiter wird um Ihr
Herz herum und wie der Körper sich öffnet.

Dann erlauben Sie sich, Ihre Aufmerksamkeit auf die Zukunft zu richten. Wie sieht Ihr Leben aus, wenn Sie das
Phänomen losgelassen haben, wie fühlen Sie sich? Vielleicht fühlen Sie sich freier und leichter. Sagen Sie noch
einige Male »Loslassen, loslassen« und achten Sie darauf, ob die Gefühle wiederkehren, und atmen Sie dann
sanft mit ihnen, um sie beim Ausatmen immer wieder
loszulassen.

Sie können die Praxis des Loslassens wiederholen, bis
die Phänomene ihre Macht verlieren und der Geist lernt,
dem Loslassen zu vertrauen.

Kapitel 6:
Achtsamkeit und Resilienz

Sicher kennen Sie auch den Begriff des »Stehaufmännchens«. Das sind die Menschen, die Misserfolg und Krisen im Leben als Chance sehen, die anstatt zerstört am Boden zu liegen, aufstehen, kraftvoll und zuversichtlich weitergehen und an den Misserfolgen und Krisen wachsen. Selbst traumatische Erfahrungen lassen diese Menschen nicht zerbrechen.

Ein bekanntes Beispiel für die Fähigkeit, trotz traumatischer Erfahrungen nicht zu zerbrechen, stellt Victor Frankl dar. Der 1905 in Wien geborene Frankl war als Psychiater tätig und arbeitete u. a. mit Sigmund Freud zusammen. 1942 wurden er und seine Familie in das Konzentrationslager Theresienstadt deportiert. Sein Bruder und sein Vater starben in den Gaskammern von Auschwitz, seine Mutter starb in Theresienstadt, seine Frau in Bergen-Belsen. Er war der einzige Überlebende in der Familie. Victor Frankl verarbeitete seine Erfahrungen im Konzentrationslager in einem Buch mit dem aussagekräftigen Titel »… trotzdem Ja zum Leben sagen«. Er ist Begründer der Logotherapie und hat sich in seinem Leben für Versöhnung und Frieden eingesetzt.

In der Psychologie nennt man die Fähigkeit, trotz widriger Umstände zu gedeihen und auch in schwierigen Situationen auf seine eigenen inneren Ressourcen zurückgreifen zu können, Resilienz. Resiliente Menschen verfügen über psychische und mentale Widerstandskraft, deren Ursache zum einen genetisch bedingt, im Wesentlichen aber mit den Erfahrungen in unserer Kindheit und Jugend zu tun hat.

Bis zum Ende des 20. Jahrhunderts hat die Psychologie sich im Wesentlichen mit psychischen Erkrankungen und deren Behandlung beschäftigt, also mit den Defiziten von Menschen mit psychischen Auffälligkeiten. Erst Martin Seligman hat in den 1990er-Jahren gefragt, was den Menschen stark macht, welche Faktoren psychische Gesundheit beeinflussen, und hat seinen Blick auf Ressourcen und Strategien gerichtet und mit seiner neuen Sichtweise die Positive Psychologie begründet. Er hat damit eine Tür geöffnet, um ganz bewusst Strategien zur Stärkung der psychischen Gesundheit in der Psychologie und Pädagogik zu entwickeln, die Menschen stark, widerstandsfähig und resilient werden lässt.

Auch wenn liebevolle und vertrauensvolle Beziehungen in der Kindheit als eine wichtige Grundlage für Resilienz gelten, lässt sich Resilienz auch später noch auf- und ausbauen.

Doch welche Einstellungen und Eigenschaften unterstützen den Aufbau von Resilienz?

Die amerikanische psychologische Vereinigung (APA) hat zehn Einstellungen definiert, die Resilienz fördern. Diese sind auch bekannt unter dem Begriff »die 7 Säulen der Resilienz« nach Micheline Rampe (»Der R-Faktor«). Im Folgenden haben wir fünf Resilienz unterstützende Haltungen aufgeführt, die durch die Praxis der Achtsamkeit kultiviert werden können.

■ Optimistische Lebenseinstellung

Wir erleben als Menschen immer wieder persönliche Krisen und erfahren Rückschläge durch Krankheiten, Trennungen, Verlust des Arbeitsplatzes, Probleme in der Familie usw. Resiliente Menschen sind davon überzeugt, dass eine Krise vorübergehender Natur ist und sie in der Lage sind diese Krise aus eigener Kraft oder mit Hilfe ihres sozialen Umfeldes zu bewältigen. Ihr Blick ist trotz negativer Erfahrungen optimistisch und sie projizieren eine negative Erfahrung nicht auf die Zukunft. Sie haben den unerschütterlichen Glauben, dass sich auch nach Krisen alles wieder positiv entwickeln wird, und sehen in schwierigen Situationen das Licht am Ende des Tunnels. Sie schauen mit Zuversicht in die Zukunft und sind überzeugt davon, dass das Leben Gutes für sie bereithält.

■ Wie die Achtsamkeitspraxis Optimismus fördert:
Wir lernen in der Achtsamkeitspraxis die Identifikation mit Gedanken und Gefühlen gehen zu lassen und das Geschehen auf eine objektivere Art und Weise zu betrachten. Wir erkennen, wenn wir in unserem Geist ein Dramaszenarium aufbauen, das nur in unserem Kopf existiert. Wir sind in der Lage zu unterschieden, was Geschichte und was Wirklichkeit ist. Wir identifizieren negative Gedanken und können sie gehen lassen, um das zu sehen, was tatsächlich ist, und erfahren, dass selbst in der größten Krise nicht alles nur schwarz und hoffnungslos ist. Aus dieser Einstellung heraus entsteht ein Raum, in dem sich Wege aus der Krise zeigen und wir in Kontakt mit unserer Selbstwirksamkeit kommen und sagen: »Es ist hart, aber ich schaffe das!«

ACHTSAMKEITSÜBUNG

Lichtperle

Eine Anleitung als Audio-Datei finden Sie auf unserer Homepage unter www.achtsamkeit-at-work.com/Audios. Nehmen Sie eine aufrechte und bequeme Haltung ein. Spüren Sie Ihren Körper vom Kopf bis zu den Füßen, den Kontakt mit der Unterlage, mit dem Boden, mit der

Luft um Sie herum. Wenden Sie sich dem Atem zu, wie
der Atem in den Körper hineinströmt und wieder hinausfließt, wie er kommt und geht. Bleiben Sie für einige
Momente bei der Erfahrung des Atems.

Bringen Sie Ihre Aufmerksamkeit in den Brustkorb und
stellen Sie sich vor, dass sich in der Mitte Ihrer Brust
eine Lichtperle befindet, deren weiß-goldenes Licht hell
und strahlend leuchtet.

Mit jedem Atemzug wird die Lichtperle größer und das
Licht erfüllt Ihren ganzen Brustkorb. Es dehnt sich mit
den nächsten Atemzügen aus in die Schultern, den Kopf
und in die Arme und füllt diese Bereiche sanft mit einem
strahlenden Leuchten aus.

Der Atem kommt und geht und das Licht erhellt nach
und nach Ihren Bauch, den Rücken, die Beine und die
Füße und lässt Ihr gesamtes Inneres in einem weiß-gol-
denen Licht leuchten.

Ihr ganzer Körper ist erfüllt von dem strahlenden Leuchten, das im Rhythmus des Atems sanft pulsiert.

Mit einem der nächsten Atemzüge strahlt das Licht
durch Ihre Haut nach außen und es entsteht eine Aura
aus hellem weiß-goldenem Licht.

Ihr ganzer Körper erstrahlt in leuchtender Klarheit, das
Licht stärkt und schützt Sie und verleiht Ihnen Zuversicht. Es schenkt Ihnen das Vertrauen, im Kontakt zu
sein mit Ihren inneren Ressourcen und bereit zu sein für
die Bewältigung aller Herausforderungen, die das Leben
für Sie bereithält.

■ Annehmen, was ist

Wenn wir den Arbeitsplatz verlieren, oder eine Krankheit bekommen, dann ist unser erster Impuls häufig zu fragen »Warum ich?«. Wir verfallen in Grübeleien, bedauern uns und fühlen uns ausgeliefert. Resiliente Menschen nehmen die Situation an, wie sie ist, machen kein Drama daraus und schauen, was sie unternehmen können, um aus dieser Situation herauszukommen. Sie akzeptieren, dass das Leben nur bedingt steuerbar ist, und öffnen sich auch Situationen, die sie nicht unbedingt in ihr Leben eingeladen haben. Gleichzeitig akzeptieren sie auch die eigene Person in ihrer Gänze mit allen Beschränkungen und allen Möglichkeiten, körperlich und geistig.

■ Wie die Achtsamkeitspraxis Annehmen fördert:

In der Achtsamkeitspraxis lernen wir, dass der Widerstand gegen ein Ereignis, einen anderen Menschen oder auch gegen uns selbst immer wieder dazu führt, dass wir leiden und Stress erleben. Wenn wir schwierige Situationen annehmen, dann hören wir auf, uns eine andere Wirklichkeit zu wünschen, dann arbeiten wir mit dem, was wir vorfinden. Wir begegnen uns mit Freundlichkeit und Wohlwollen und nehmen uns innerlich in den Arm, auch wenn wir im Moment nicht auf der Sonnenseite des Lebens stehen. Wir haben jedoch die Zuversicht, dass das Leben sich wieder von der freundlichen Seite zeigen wird.

ACHTSAMKEITSÜBUNG

Selbstmitgefühl einatmen

Sitzen Sie in einer aufrechten und würdevollen Haltung, schließen sanft die Augen, und atmen Sie einige Male tief ein und aus.

Spüren Sie Ihren Körper, den Kontakt mit der Unterlage und dem Boden. Nehmen Sie die Lebendigkeit in Ihrem Körper wahr.

Verbinden Sie sich mit Ihrem Atem und spüren Sie das sanfte Auf und Ab des Atems im Körper. Lassen Sie sich für einige Momente auf den Wellen Ihres Atems treiben.

Und dann stellen Sie sich vor, dass Sie bei jedem Einatmen für sich selbst ganz tief Mitgefühl einatmen und spüren Sie, wie der Mitgefühlsatem sich im Körper ausbreitet, wie dabei jede Zelle Ihres Körpers mit Mitgefühl gefüllt wird. Wenn es Sie unterstützt, stellen Sie sich das Mitgefühl z. B. als eine Farbe oder ein Licht vor, das Ihren ganzen Körper ausfüllt und Sie in Ihrem Kummer weicher werden lässt. Sie können innerlich »Weicher, weicher, weicher ...« sagen. Mit jedem Einatmen fließt Selbstmitgefühl in Sie hinein.

Wenn Ihre Aufmerksamkeit abschweift, dann kommen Sie wieder zurück zum Atem. Nehmen Sie drei tiefe Atemzüge und öffnen Sie sanft Augen.

© Gerlinde Albrecht und Sabine Fries

■ Lösungen finden

Das Akzeptieren einer schwierigen Situation und der Optimismus, dass diese gemeistert werden kann, lässt resiliente Menschen aktiv werden und Schritte in die Wege leiten, um diese Situation zu überwinden. Sie beginnen z. B. beim Verlust des Arbeitsplatzes sich zu bewerben, aktivieren Freunde und Bekannte und melden sich für eine Fortbildung an, die sie weiter qualifiziert und an der sie Freude haben.

■ Wie die Achtsamkeitspraxis das Finden von Lösungen fördert:

Wenn wir gelernt haben, allem, was uns geschieht, achtsam zu begegnen, dann verschließen wir vor schwierigen Situationen nicht die Augen und verdrängen sie nicht. Im Gegenteil, wir schauen sie uns an und erkennen bestimmte Gewohnheitsmuster und suchen einen konstruktiven Weg aus der Krise. Wir erlauben uns, genau hinzusehen, ohne zu dramatisieren oder zu bagatellisieren. Wir suchen aktiv nach Lösungen. Vielleicht denken wir im Falle eines Arbeitsplatzverlustes auch darüber nach, was wir denn wirklich beruflich wollen, und nehmen die Krise zum Anlass, uns neu zu orientieren.

ACHTSAMKEITSÜBUNG

Naturspaziergang

Begeben Sie sich so oft es Ihnen möglich ist in die Natur, gerade in Zeiten, in denen Sie das Gefühl haben, festzustecken, nicht weiterzukommen. Allein die Bewegung beim bewussten Gehen in der Natur lässt auch Ihren Geist in Bewegung kommen.

Öffnen Sie sich für die Pflanzen, die Blumen, die Bäume
um Sie herum, indem Sie diese mit allen Sinnen wahrnehmen. Hören Sie den Gesang der Vögel, spüren Sie
den Wind, die Sonne, den Regen auf Ihrer Haut und den
Boden unter den Füßen.
Vielleicht spüren Sie den Zauber der Natur um Sie herum
und nehmen sich als einen Teil von all dem wahr. Bleiben Sie immer wieder stehen, schließen Sie die Augen,
tauchen Sie mit Ihrer Wahrnehmung in Ihren Körper ein,
um sich selbst ganz zu spüren.

© Gerlinde Albrecht und Sabine Fries

■ Verantwortung übernehmen

Die Opferrolle ist in unserer Gesellschaft weit verbreitet und
es ist einfach, andere Menschen oder die Umstände für unsere Krise verantwortlich zu machen. Resiliente Menschen fühlen sich nicht als Opfer der Umstände oder des Verhaltens
anderer Menschen.

Wie die Achtsamkeitspraxis Verantwortung fördert: Die
Achtsamkeitspraxis lässt unseren Blick klar werden und erkennen, was wirklich ist. Wenn wir unseren Kampf, ein bestimmtes Ideal zu erreichen und ein anderer Mensch sein
zu wollen, aufgeben, entdecken wir unsere eigenen inneren
Stärken und Fähigkeiten und fühlen uns nicht länger abhängig von unrealistischen Idealbildern oder von anderen
Menschen. Wir akzeptieren uns, so wie wir sind, und fühlen
uns nicht länger unvollständig und hilflos. Statt die Schuld
für die Krisen in unserem Leben bei anderen zu suchen und
uns in unserer Hilflosigkeit zu bedauern, übernehmen wir

die Verantwortung für unser Leben und Handeln, Fühlen und Denken, für das, was wir tun und auch das, was wir unterlassen. Wir werden aktiv und geben unsere vermeintliche Abhängigkeit auf. Verantwortung für unser eigenes Leben zu übernehmen, selbstbestimmt zu handeln, lässt uns frei sein.

ACHTSAMKEITSÜBUNG

Stärken stärken

Schreiben Sie auf, welche Stärken und Fähigkeiten Sie bei sich entdecken. Wenn es eine Weile braucht, um Ihre Stärken zu erkennen und anzunehmen, dann legen Sie das Blatt Papier an einen für Sie wichtigen Platz und ergänzen Sie nach und nach, wenn Sie wieder eine Stärke, eine Fähigkeit in sich selbst entdeckt haben.

■ Tragfähige Beziehungen aufbauen
Untersuchungen zeigen, dass das Glück von Menschen wesentlich abhängt von tragfähigen Beziehungen, sowohl in der Familie als auch im Kreis der Freunde und Kollegen. Vertraute und wohlwollende Menschen um sie herum sind für resiliente Menschen ein Garant dafür, dass sie in Krisen nicht alleine sind, sondern unterstützt und gestärkt werden und sich auch in schwierigen Zeiten von anderen Menschen getragen fühlen.

■ Wie die Achtsamkeitspraxis tragfähige Beziehungen fördert:

Konflikte in Beziehungen entstehen oft dadurch, dass wir andere verändern wollen und dass wir unsere Meinung als die Wahrheit ansehen und gar nicht verstehen können, dass der andere das nicht auch so sieht. Oft schauen wir nur auf das, was uns trennt, und sehen nicht, was uns verbindet. Achtsamkeit für unsere Gedanken und Gefühle lässt uns Abstand gewinnen zu unseren Urteilen und Bewertungen. Wenn wir den Raum zwischen Reiz und Reaktion entdecken, lässt uns das auch in Konfliktfällen angemessen und wertschätzend reagieren. Wir akzeptieren, dass unser Gegenüber genau wie wir glücklich sein möchte, aber vielleicht einen anderen Weg einschlägt, als wir es tun würden. Die Meditation lässt uns die Verbundenheit mit anderen Menschen spüren und fördert unser Mitgefühl. Unsere Kursteilnehmer berichten immer wieder davon, wie sich Beziehungen positiv verändern, tiefer und tragfähiger werden, wenn sie selbst gelassener und großzügiger mit sich und anderen Menschen umgehen.

ACHTSAMKEITSÜBUNG

Metta-Meditation

Eine Anleitung als Audio-Datei finden Sie auf unserer Homepage unter www.achtsamkeit-at-work.com/Audios. Wir laden Sie ein zu einer angeleiteten Metta-Meditation. Metta bedeutet liebevolle Güte, Wohlwollen, Sympathie, Herzenswärme oder auch Freundlichkeit.
In dieser Praxis geht es darum, mit dem eigenen Herzen in Kontakt zu kommen und eine innere liebevolle und gütige Haltung zu nähren – zu uns selbst genauso wie auch zu anderen.

Richten Sie sich gut in Ihrer Sitzposition ein. Nehmen Sie den Kontakt zur Erde wahr und spüren Sie die Qualität des Niederlassens auf Ihrem Platz und auch die Aufrichtung nach oben – würdevoll und entspannt.

Spüren Sie die Bewegung des Atems in Ihrem Körper, indem Sie die Aufmerksamkeit dorthin fließen lassen, wo Sie den Atem am deutlichsten spüren. Kommen Sie mehr und mehr mit dem Körper zur Ruhe.

Nun lassen Sie Ihre Aufmerksamkeit in Ihre Brust fließen und verbinden Sie sich mit Ihrem Herzen, lassen Sie Ihren Atem in Ihr Herz fließen, sodass Ihr Herz weit wird und Sie ganz bei sich sind. Schauen Sie, ob Sie sich mit den folgenden Sätzen verbinden mögen:

- Möge ich sicher und geborgen sein.
- Möge ich glücklich und in Frieden sein.
- Möge ich gesund sein.
- Möge ich mich so annehmen und lieben, wie ich bin.
- Möge ich heiter und gelassen sein.

Lassen Sie diese Sätze in Ihrem Herzen wirken und nehmen Sie alles wahr, was auftaucht.

Vielleicht sind da Gedanken, Gefühle, Bilder oder Empfindungen. Alles darf da sein.

Vielleicht bemerken Sie auch, dass Ihr Herz sich diesem Wunsch gerade nicht öffnen kann. Auch das ist in Ordnung. So gut es geht, versuchen Sie sich dann diesem Zustand zuzuwenden.

Dann lassen Sie den Atem wieder in Ihr Herz fließen, sodass es weiter und weicher wird. Vielleicht gibt es einen Menschen, der Ihnen sehr nahe steht, dem Sie Ihr Herz öffnen und den Sie in Ihre Wünsche miteinbeziehen möchten. Stellen Sie sich diesen Menschen vor, visualisieren Sie ihn, hören und fühlen Sie ihn. Und während

Sie die Person in Ihrem Gewahrsein halten, können Sie
ihr Ihre Wünsche senden:
- Mögest du sicher und geborgen sein.
- Mögest du glücklich und in Frieden sein.
- Mögest du gesund sein.
- Mögest du Dich so annehmen und lieben, wie Du bist.
- Mögest Du heiter und gelassen sein.

Wenn Sie wollen, können Sie Ihr Herz noch weiter öffnen
für eine Gruppe von Menschen (Familie, Freunde oder
auch alle Lebewesen), für die, die glücklich sind und
für die, die leiden, sich mit ihnen verbinden und Ihr
Gewahrsein für sie öffnen.
- Mögen sie sicher und geborgen sein.
- Mögen sie glücklich und in Frieden sein.
- Mögen sie gesund sein.
- Mögen sie sich so annehmen und lieben, wie sie sind.
- Mögen Sie heiter und gelassen sein.

Und wenn Sie so weit sind, dann bringen Sie Ihre Aufmerksamkeit zurück zur Bewegung des Atems in Ihren
Körper, nehmen Sie wahr, wie der Atem in Sie hineinströmt und den Körper wieder verlässt. Spüren Sie die
Haltung des Körpers und die Berührung mit der Unterlage. Bemerken Sie die Gedanken und Gefühle und erlauben Sie sich, genau so zu sein wie Sie jetzt gerade sind.
Wenn Sie diese Meditation anspricht, dann können Sie
sie zu Hause von Zeit zu Zeit wiederholen. Sie können
diese angeleiteten Sätze auch verändern oder ganz andere Sätze formulieren, die Sie und andere im jeweiligen
Moment gerade nähren und den Geist von Freundlichkeit, Mitgefühl und liebender Güte beinhalten.

Was uns steuert, was unseren Stress ausmacht, welche Handlungen sich daraus ergeben, entsteht in unseren Köpfen. Je mehr wir uns selbst achtsam begegnen und in aller Offenheit unsere Gedanken und Gefühle wahrnehmen, die uns begrenzenden Glaubenssätze erkennen und daran arbeiten, sie zu verändern, umso mehr werden wir resilient. Das bedeutet, dass wir unser Katastrophendenken stoppen und erst einmal schauen, was wirklich gerade geschieht. In der Meditation erleben wir, dass alle Phänomene entstehen und wieder vergehen, Gedanken, Gefühle, Zustände, wenn wir sie nicht festhalten oder gegen sie kämpfen. Daraus entsteht nach und nach die Akzeptanz, das Auf und Ab des Lebens anzunehmen und der Optimismus, dass auch diese Krise wieder vorübergeht. Wenn wir uns von unseren begrenzenden Gedanken und Gewohnheitsmustern befreien, aus den Dramen, die in unserem Kopf geschrieben werden, dann erkennen wir den Raum zwischen Reiz und Reaktion. In diesem Raum entstehen Handlungsalternativen für die Lösung unserer Probleme. Und selbst wenn es keine momentane Lösung geben sollte, hilft uns die Achtsamkeit, den Moment so, wie er ist, anzunehmen. Achtsamkeit hilft uns, unsere Stärken und Potenziale zu erkennen, die es uns ermöglichen, die Opferrolle zu verlassen und die Verantwortung für unser Leben voll und ganz zu übernehmen.

Wenn wir uns in Achtsamkeit üben, öffnen wir uns und auch anderen unser Herz und es fällt uns leicht, gute Kontakte mit anderen Menschen aufzubauen und zu pflegen. Auf diese Weise bewältigen wir die Herausforderungen in unserem Leben und sind vorbereitet auf das, was noch kommen mag.

Kapitel 7: Achtsamkeit@ work – unser Fazit

Unseren Stress zu bewältigen, mit den Anforderungen im Job und im Privatleben auf gesunde Art und Weise umzugehen erfordert, dass wir etwas in unserem Leben verändern.

Dafür ist es notwendig, ehrlich zu schauen, welche Aktivitäten und welche Menschen uns guttun, was uns zufrieden und glücklich macht, und genauso ehrlich zu überlegen, welche Aktivitäten das Gegenteil bewirken.

Doch nur darüber nachzudenken reicht in der Regel nicht. Oder wie schätzen Sie die Erfolgschancen ein, zehn Kilo abzunehmen, indem Sie sich vornehmen, ab morgen keine Pommes mit Mayo mehr zu essen und keinen Alkohol mehr zu trinken?

Viel wirksamer ist es, wenn wir körperlich spüren, dass uns der übermäßige Genuss bestimmter Nahrungsmittel nicht guttut – durch Magendruck, Sodbrennen, Müdigkeit. Wenn wir spüren, dass wir unbeweglich werden, unsere Kondition nachlässt, unser Blutdruck steigt.

Die Achtsamkeit lässt uns wieder in Kontakt kommen mit unserem Körper und seinen Signalen. Sie lässt uns in Kontakt kommen mit unserer Intuition, der Weisheit unseres Körpers. Dann nehmen wir die Impulse wahr, die uns unkontrolliert zu Schokolade, Chips und Alkohol greifen lassen. Dann spüren wir, wie dieser Drang sich körperlich anfühlt, und können dieses Erleben mit einem Abstand beobachten und die Gedanken, die dazu auftauchen, vorüberziehen lassen.

Wir haben die Weisheit unseres Körpers oft vernachlässigt und ignoriert. Wir trauen ihr nicht, weil wir meinen, mit dem Verstand alles lösen zu können. Doch dem ist nicht so, sonst bräuchten wir nur zu sagen: »Jetzt entspann dich mal«, und schon fiele aller Stress von uns ab.

Wenn wir achtsam sind, dann nehmen wir unsere Intuition ernst und lassen sie Einfluss nehmen auf unsere Entscheidungen. Dies ist keineswegs eine Aufforderung, den Verstand auszusperren. Unsere Fähigkeiten als Menschen zu reflektieren, zu planen, zu konzipieren, Neues zu entwickeln ist fantastisch. Doch wir haben den Verstand hochstilisiert und meinen, alles mit dem Verstand und durch Nachdenken lösen zu können.

Vor Jahren hörten wir einen Vortrag eines bekannten Fußballschiedsrichters mit dem Thema »Parallelen zwischen Sport und Business«. Der Redner sprach darüber, wie er als Schiedsrichter innerhalb von Sekunden eine Entscheidung treffen muss, ob zum Beispiel ein Foul wirklich ein Foul war oder eine Schwalbe. Er berichtete, dass er seine Spiele regelmäßig bei einem Lauf durch den Wald analysiert. Dabei stellte er immer wieder fest, dass die intuitive Einschätzung der Situation, die in Bruchteilen einer Sekunde stattfand, immer richtig war. Jede nachträgliche Veränderung durch Nachdenken, durch das Einschalten des Verstandes führte dagegen zu einer Fehlentscheidung, ohne Ausnahme.

Ein anderes Beispiel: Eine Kursteilnehmerin entschied sich noch am Ende eines Kurses, ihren Job zu kündigen, den sie erst ein halbes Jahr zuvor angenommen hatte. Ihr war klar geworden, dass sie die Entscheidung für diese Arbeit ausschließlich aus dem Verstand getroffen hatte: Das Unternehmen war renommiert, die Position entsprach ihrer Qualifikation und die Bezahlung war großzügig. In der Nachbetrachtung ist ihr klar geworden, dass sie bereits bei den Vorstellungsgesprächen ein ungutes Gefühl hatte, das in den sechs Monaten ihrer Tätigkeit im Unternehmen stärker wurde. Objektiv passte alles, aber es war nicht das, was sie wirklich wollte. Sie kündigte, machte eine weitere Ausbildung und ist mit ihrer neuen selbstständigen Tätigkeit hochzufrieden und glücklich.

In der Achtsamkeitspraxis geht es darum, jenseits unseres verstandesmäßigen Wissens in die eigene unmittelbare Erfahrung zu kommen und intuitive Einsichten über unser Erleben und Sein zu erhalten. Es geht darum, beidem angemessenen Raum zu geben, aus der Verbindung von Herz und Verstand Weisheit entstehen zu lassen. Die Frage »Wer bin ich?« beantwortet der Verstand mit einer Aufzählung äußerer Merkmale, der Rollen, die ich einnehme, bestimmter Verhaltensweisen, die ich immer wieder zeige, einem Konzept meiner Person. Die gleiche Frage in der Meditation gestellt, eröffnet jenseits dieses Konzeptes den Raum, mich so wahrzunehmen, wie ich wirklich bin. Achtsam mit uns selbst zu sein hilft uns, unsere körperlichen und mentalen Grenzen zu erkennen und sie auch zu akzeptieren, unsere begrenzenden Gewohnheitsmuster zu erforschen und sie zu überwinden sowie unsere tatsächlichen Fähigkeiten und Möglichkeiten mutig und voller Neugierde zu nutzen.

Wir verbringen einen großen Teil des Tages mit unserer Arbeit. Wenn uns unsere Arbeit Freude bereitet, wir sie gern tun, dann empfinden wir unsere Arbeit als Bereicherung unseres Lebens, unabhängig davon, was wir tun. Schon Konfuzius sagte: »*Wähle einen Beruf, den du liebst, und du musst keinen einzigen Tag in deinem Leben arbeiten.*«

Doch wovon ist es abhängig, ob wir unsere Arbeit als Bereicherung erleben, ob sie uns erfüllt und uns wirklich Freude bereitet?

Eine ehemalige Kursteilnehmerin war als Lehrerin kurz davor, ihren Job zu kündigen und auch den Beamtenstatus aufzugeben, weil sie nur noch den unsympathischen Direk-

tor, die schrecklichen Kollegen und die überbordende Büro-
kratie sah. Im Laufe des Kurses erinnerte sie sich daran, was
sie veranlasst hatte, Lehrerin zu werden. Sie hatte Freude daran, mit Kindern zu arbeiten, und fand es befriedigend, diese auf ihrem Weg ins Leben zu unterstützen. Ihren Direktor,
die Kollegen, die bürokratischen Anforderungen konnte sie
nicht ändern. Was sie im Laufe des Kurses verändert hat, war
ihre Einstellung und ihren Blickwinkel auf das, was sie beeinflussen konnte. Sie lenkte ihren Blick wieder auf ihre Arbeit
mit den Kindern und konzentrierte sich darauf, diese wieder
in den Mittelpunkt zu stellen. Sie entdeckte, wie viel Freude
und Befriedigung aus ihrer veränderten Haltung entstanden.

Ein weiteres Beispiel: Eine Teilnehmerin hatte seit vielen
Jahren ein sehr angespanntes Verhältnis zu ihrem Chef. Er
reagierte ihrer Ansicht nach auf alles, was sie tat oder mit ihr
zu tun hatte, mit Abneigung. Im Laufe der Zeit hatte sich bei
ihr eine typische Reaktion auf Begegnungen mit ihm heraus-
gebildet: Sie fühlte sich klein, zu nichts fähig und absolut unfähig (obwohl sie natürlich wusste, dass das nicht stimmte).
Hinterher war sie oft für Tage deprimiert und hinterfragte
grundsätzlich ihre Eignung für den Job. Angefangen, vermehrt Achtsamkeit zu üben, konnte sie sich in diesen Situationen vor allem im Vorfeld einer Begegnung selbst besser
wahrnehmen und ihr Unwohlsein bewusst beobachten. Sie
spürte Körpersignale wie z. B. einen sich zusammenziehen-
den Magen, eine flache Atmung, angespannte Muskeln im
Hals- und Kieferbereich, einen trockenen Mund und entsprechend beklemmende Gefühle. Durch dieses Beobachten baute sie einen »emotionalen Sicherheitsabstand«, wie
sie es nannte, auf. Sie fühlte sich nicht so tief in die üblichen
Gefühle und Gedanken hineingezogen, hatte mehr Handlungsspielraum und konnte klarer denken. Sie entdeckte den
Raum zwischen Reiz und Reaktion. Wann immer sie von da

an ihre Aufmerksamkeit auf ihren Atem lenkte, bemerkte sie, wie sie ruhiger wurde. Es unterstützte sie auch, ihren Chef als Mensch zu sehen, der glücklich, gesund und sicher sein möchte. Ihr Chef bemerkte die Veränderungen und reagiert seitdem freundlicher und grüßt sie wieder, was er in den letzten zehn Jahren nicht mehr getan hatte.

Doch es gibt auch Umstände an unserem Arbeitsplatz, die wir nicht länger ertragen möchten, die uns unzufrieden machen, uns auslaugen und vielleicht sogar krank werden lassen. Dann kann uns die Achtsamkeit eine große Hilfe sein, den Mut zu entwickeln, uns einen anderen Arbeitsplatz zu suchen. Oft haben wir Angst vor Veränderung, weil wir nicht wissen, was die Veränderung mit sich bringt, und ertragen ungeliebte Zustände viel zu lange. Doch wir erfahren in der Achtsamkeitspraxis, dass das ganze Leben Veränderung beinhaltet und dass wir einen Zustand nicht festhalten können. Im Gegenteil, je mehr wir festhalten und die Veränderung in unserem Leben leugnen, umso unglücklicher werden wir.

Wir beide hatten den Mut zur Veränderung, der natürlich begleitet war von Ängsten und Befürchtungen. Wir haben uns mit unseren Ängsten auseinandergesetzt und immer wieder geprüft, ob sie realistisch sind oder nur ein Drama in unserem Kopf. Die Achtsamkeitspraxis hat uns den Optimismus und die Zuversicht gegeben, uns dem Neuen zu stellen und den Schritt zu wagen. Heute dürfen wir anderen Menschen sowohl in Coachings und Kursen als auch in Firmentrainings unsere vielfältigen Erfahrungen als Führungskraft, als Mitarbeiter mit Burnouterfahrung und als Mensch, der die Höhen und Tiefen des Lebens surfen gelernt hat weitergeben. Und dies ist für uns beide ein großes Geschenk.

Von Albert Einstein stammt der Satz: »*Die reinste Form des Wahnsinns ist es, alles beim Alten zu lassen und gleichzeitig zu hoffen, dass sich etwas ändert.*«

Wenn Sie alles beim Alten lassen, wird sich in Ihrem Leben tatsächlich nichts ändern. Sie werden weiter gestresst sein, unzufrieden, auch wenn Sie sich noch so sehr wünschen, gelassener zu werden, klar zu sehen und im Einklang zu sein mit Ihren innersten Werten.

Es ist auch nicht damit getan, nur dieses Buch zu lesen. Das wäre in etwa so, als würden Sie Klavierspielen lernen wollen, indem Sie die Noten lesen. In diesem Buch sind ganz bewusst viele Übungen enthalten. Die meisten sind informeller Natur, Sie können sie gut in Ihren Alltag integrieren – achtsam eine Tasse Tee oder Kaffee trinken, beim Warten vor der roten Ampel oder in der Schlange an der Kasse den Atem spüren, achtsamen Schrittes die Treppe steigen, drei bewusste Atemzüge vor einem Telefonat nehmen usw. Die Meditationen und der Body Scan haben eher formalen Charakter. Sie unterstützen Sie dabei, Achtsamkeit zu trainieren, den Achtsamkeitsmuskel zu stärken, den Blick vom Außen ganz bewusst nach innen zu richten, auf sich selbst. Schenken Sie sich diese Zeit, sich um sich selbst zu kümmern. Sie können Ihre Akkus nur aufladen, wenn Sie in die Stille gehen und sich neugierig und unvoreingenommen begegnen. Eine wichtige Zutat dabei ist die Freundlichkeit und das Wohlwollen uns selbst gegenüber. Den Blick immer wieder auf unsere Stärken und Fähigkeiten zu richten und Dankbarkeit zu entwickeln. Dabei geht es auch darum, dankbar zu sein für Krisen in unserem Leben. Wenn wir sie annehmen, helfen sie uns, die Lektion des Lebens zu lernen und an ihnen zu wachsen.

Welche der 48 halben Stunden, die Sie am Tag zur Verfügung haben, möchten Sie für die Achtsamkeitspraxis nutzen? Entscheiden Sie, worauf Sie zukünftig verzichten möchten, um eine Tür zu öffnen für neue Erfahrungen. Die Übungen und unsere Anregungen zur Entwicklung einer persönlichen Achtsamkeitspraxis mögen Sie dabei unterstützen.

Unsere Kraft, mit den Herausforderungen des Lebens gesund umzugehen, entsteht in der Stille, dadurch, dass wir uns
regelmäßig in uns zurückziehen, die Reize von außen loslassen und unseren inneren Raum betreten, der heil, freundlich
und liebevoll ist und wo wir mit dem Menschen verbunden
sind, der wir wirklich sind. Aus der Stille heraus entwickeln
sich Kreativität, Humor, Gelassenheit und Freude.

In unser beider Leben gab es immer wieder berufliche Herausforderungen und Krisen und es wird sie vermutlich auch
in Zukunft geben. Doch die Achtsamkeit hat uns gelehrt,
dass wir auch nach noch so dunklen Zeiten und schmerzhaf-
ten Erfahrungen immer wieder in der Lage waren, aus dem
tiefen Tal auf den Gipfel zu klettern und das helle und warme
Licht der Sonne zu genießen.

Möge dieses Buch Sie auf Ihrem ganz persönlichen Weg zu
mehr Freude an Ihrer Arbeit und zu mehr Ruhe und Gelassenheit in Ihrem Leben unterstützen.

Unser Dank

Sabine Fries

Mein Dank geht an meine Lehrer, die mich in besonderem Maße inspiriert und begleitet haben, allen voran Jon Kabat-Zinn, Saki Santorelli, Rick Hanson, Marie Mannschatz, Frits Koster, Willigis Jäger und allen meinen MBSR-Ausbildern vom Institut für Achtsamkeit. Durch Euch durfte ich lernen, was es heißt, in die Stille zu gehen und Achtsamkeit, Liebe, Mitgefühl und Vergebung zu üben. Danke!

Außerdem möchte ich den vielen Menschen danken, die mich in den vergangenen Jahren liebevoll auf meinem Weg begleitet haben und an meinem persönlichen Wachstum Teil hatten. Menschen aus der Achtsamkeitspraxis, Lehrer mit systemischem Hintergrund und Vertreter der Schulz von Thun Reihe. In vielen Retreats, Coachings, Aufstellungen sowie persönlichen Gesprächen durfte ich mich selbst besser kennen und verstehen lernen. Danke!

Große Dankbarkeit gilt den wunderbaren Menschen auf Korfu, wo ich mit meinen MBSR-Urlaubsformaten und auch privat ein zweites Sommer-Zuhause gefunden habe und jedes Jahr enorm auftanke. Danke!

Ich danke Mark, der mir immer wieder den Spiegel hingehalten hat, mit dem ich durch Berge und Täler gegangen bin, die ich vorher nicht kannte oder zumindest nur ahnte. Durch den ich oft an den Rand meiner Kapazitäten und Grenzen kam, wofür ich heute eine grenzenlose Dankbarkeit empfinde. Durch Dich habe ich mich selbst wiedergefunden. Danke!

Meinen Kurs- und Seminarteilnehmern möchte ich ebenfalls von Herzen danken für Ihre Offenheit und Vertrauen.
Ihr habt mich tief berührt und lasst mich dankbar und ge-
nährt sein für und von dieser wunderbaren Arbeit, die für
mich keine Arbeit ist. Danke!

Zu guter Letzt danke ich Gerlinde, mit der es eine große
Freude ist, gemeinsam zu lachen, zusammen zu arbeiten,
zu praktizieren und dieses Buch zu schreiben. Durch Dich
durfte ich lernen, wie schön es ist, sich als Gegensätze zu ergänzen, sich zu reiben und am Ende mit liebevoll erfülltem
Herzen gemeinsam zu lachen. Danke!

Gerlinde Albrecht

Mein Dank geht an meine Lehrer vom Institut für Achtsamkeit, ebenso an Jon Kabat-Zinn, Saki Santorelli, Melissa Bla-
ker und Florence Meleo-Meyer, die ich in verschiedenen
Retreats und Veranstaltungen erlebt habe und die in ihrer ge-
lebten Achtsamkeit, ihrer liebevollen Zuwendung und ihrem
großen Herzen wunderbare Vorbilder für mich sind.

Den Menschen in meinem Leben, die mir immer wieder
den Spiegel vorgehalten haben, die mich mit einer ganzen
Reihe schwieriger Gefühle in Kontakt gebracht haben, sage
ich ehrlich danke. Sie haben wesentlich zu meinem Wachsen
beigetragen.

Mein ganz besonderer Dank geht an AnU, die mich auf
ihre unvergleichliche Art mit einem Teil in mir in Kontakt gebracht hat, der lange verschüttet war und dessen Integration
mein Leben bereichert hat.

Die berührenden Erfahrungen bei der Begleitung meiner
Kurs- und Seminarteilnehmenden lässt mich dankbar sein
für diese wunderbare Arbeit.

Die Freundschaft mit Sabine, unser lebendiger Dialog und das liebevolle Füreinander da sein, hat mich durch die Zeit der Arbeit an diesem Buch getragen.

Und nicht zuletzt danke ich den Menschen, die mich liebevoll begleitet und unterstützt haben gerade in schwierigen Zeiten und die mich mit ihrer Liebe inspirieren, allen voran meine wundervolle Tochter Maya.

Wir beide bedanken uns für die vielfältige Unterstützung unserer Netzwerke, dem MBSR-Verband und dem Arbeitskreis Achtsamkeit am Arbeitsplatz mit seinem »Unternehmen Achtsamkeit«.

Wir danken auch unseren Teilnehmern, die uns für unser Buch ihre Erfahrungsberichte zur Verfügung gestellt haben, sowie Nele, die uns bei unseren Audioaufnahmen geduldig begleitet hat.

Und selbstverständlich danken wir auch unseren Eltern und Geschwistern, die ein wichtiger Teil unseres Weges sind.

Index der Übungen

*   Diese Achtsamkeitsübungen finden Sie angeleitet als Audio-Datei auf unserer
Website www.achtsamkeit-at-work.com!

Eine eigene Praxis entwickeln

Anregungen zur Entwicklung einer eigenen Praxis:

Woche	Meditationen	Übungen für zwischendurch	Anlässe	Reflexion
1	Body Scan täglich	Übung »Wahrneh-mungspause« drei-mal am Tag		Gibt es Momente, in denen ich bewusst den Autopiloten wahr-genommen habe?
2	Body Scan und Atem-Meditation im täglichen Wechsel	Übung »Wahrneh-mungspause« drei-mal am Tag		In welchen Situati-onen überschreite ich meine eigenen Grenzen? Woran merke ich das?
3	Achtsame Kör-perübungen und Atem-Meditation im täglichen Wechsel	Übung »Wahrneh-mungspause« drei-mal am Tag		Wie gehe ich in schwierigen Situationen mit mir um?
4	Achtsame Kör-perübungen und Atem-Meditation im täglichen Wechsel	Übung »Wahrneh-mungspause« drei-mal am Tag		Was löst immer wieder Stress bei mir aus?
5	Atem-Meditation jeden zweiten Tag. An den anderen Tagen Body Scan oder achtsame Körperübungen	Übung »Wahrneh-mungspause« drei-mal am Tag.	Mit Gedanken arbeiten: Übung »Identifikation mit Gedanken aufgeben«	Wie wahr sind meine Gedanken?
6	Atem-Meditation jeden zweiten Tag. An den anderen Tagen Body Scan oder achtsame Körperübungen	Übung »Wahr-nehmungspause« dreimal am Tag.	Mit Gefüh-len arbeiten: Übung »Gefühle wahrnehmen«	Wo spüre ich Gefühle im Körper?
7	Atem-Meditation jeden zweiten Tag. An den anderen Tagen Body Scan oder achtsame Körperübungen	Übung »Wahrneh-mungspause« drei-mal am Tag.	Konflikte mit Kol-legen: Übung »Ver-bunden sein«	Wo ist meine Auf-merksamkeit im Gespräch mit Kol-legen/Mitarbeitern/ Vorgesetzten
8	Atem-Meditation jeden zweiten Tag. An den anderen Tagen Body Scan oder achtsame Körperübungen	Übung »Wahrneh-mungspause« drei-mal am Tag.	Wohlwollen ein-üben: Übung »Metta-Meditation«	Was hat sich verändert in den letzten Wochen? Was habe ich über mich gelernt? Was unterstützt mich in meiner täglichen Meditationspraxis?

Literaturverzeichnis

1 Baren van, Brigitte: Zen in Leben und Arbeit – Von Achtsamkeit bis Zeitmanagement, Bielefeld 2008

2 Flowers, Steve; Stahl, Bob: Weites Herz, gelassener Geist – Wie Achtsamkeit und Mitgefühl uns helfen, Gefühle von Minderwertigkeit, Unzulänglichkeit und Scham zu überwinden, Freiburg 2012

3 Fritsch, Gerlinde Ruth: Praktische Selbst-Empathie – Herausfinden, was man fühlt und braucht, Paderborn 2012

4 Germer, Christopher : Der achtsame Weg zur Selbstliebe, Freiburg 2010

5 Goleman, Daniel: Soziale Intelligenz, München 2008

6 Goleman, Daniel: Emotionale Intelligenz, München 1997

7 Grün, Anselm: Das kleine Buch vom wahren Glück, Freiburg 2014

8 Hanson, Rick: Das Gehirn eines Buddha: Die angewandte Neurowissenschaft von Glück, Liebe und Weisheit, Freiburg 2010

9 Harris, Russ: Wer dem Glück hinterher rennt, läuft daran vorbei, München 2011

10 Iding, Doris: Barfuß Schritt für Schritt, Oberstdorf 2013

11 Kabat-Zinn, Jon: Gesund durch Meditation, München 2013

12 Kabat-Zinn, Jon: Stressbewältigung durch die Praxis der Achtsamkeit (Buch & CD), Freiburg 1999

13 Kabat-Zinn, Jon: Im Alltag Ruhe finden, München 2007

14 Kabat-Zinn, Jon; Davidson, Richard; Houshmand, Zara et al.: Die heilende Kraft der Meditation, Freiburg 2012

15 Kornfield, Jack: Meditation für Anfänger – inkl. Übungs-CD mit 6 Meditationen, München 2007

16 Kornfield, Jack: Das weise Herz, München 2008

17 Kothes, Paul J.; Rosmann, Nadja: Mit Achtsamkeit in Führung – Was Meditation für Unternehmen bringt, Stuttgart 2014

18 Lehrhaupt, Linda: Die Wellen des Lebens reiten – Mit Achtsamkeit zu innerer Balance, München 2012

19 Löhmer, Cornelia; Standhardt, Rüdiger: MBSR – Die Kunst, das ganze Leben zu umarmen, Stuttgart 2014

20 Marturano, Janice: Mindful Leadership – Ein Weg zu achtsamer Führungskompetenz, Freiburg 2015

21 Ott, Ulrich: Meditation für Skeptiker, München 2010

22 Romhardt, Kai: Wir sind die Wirtschaft – Achtsam leben, Sinnvoll handeln, Bielefeld 2009

23 Rosenberg, Marshall B.: Gewaltfreie Kommunikation – Eine Sprache des Lebens, Paderborn 2010

24 Santorelli, Saki: Zerbrochen und doch ganz – die heilende Kraft der Achtsamkeit, Freiburg 2009

25 Storch, Maja; Cantieni, Benita; Hüther, Gerald; Tschacher, Wolfgang: Embodiment – Die Wechselwirkung von Körper und Psyche verstehen und nutzen, Bern 2011

26 Tan, Chade-Meng: Search Inside Yourself – Das etwas andere Glücks-Coaching, München 2012

27 Williams, Mark; Teasdale, John u.a.: Der achtsame Weg durch die Depression, Freiburg 2009